于 航 白景峰

主 编

污水深海排放扩散器

设计技术与案例研究

U0246744

北京大学出版社

PEKING UNIVERSITY PRESS

图书在版编目(CIP)数据

污水深海排放扩散器设计技术与案例研究/于航,白景峰主编. —北京:北京大学出版社,2017.12

ISBN 978-7-301-29134-4

Ⅰ.①污… Ⅱ.①于… ②白… Ⅲ.①污水处置—研究 Ⅳ.①X703

中国版本图书馆 CIP 数据核字(2017)第 327540 号

书　　　名	污水深海排放扩散器设计技术与案例研究	
	WUSHUI SHENHAI PAIFANG KUOSANQI SHEJI JISHU YU ANLI YANJIU	
著作责任者	于　航　白景峰　主编	
责 任 编 辑	王树通	
标 准 书 号	ISBN 978-7-301-29134-4	
出 版 发 行	北京大学出版社	
地　　　址	北京市海淀区成府路 205 号　100871	
网　　　址	http://www.pup.cn　新浪微博:@北京大学出版社	
电 子 信 箱	zpup@pup.cn	
电　　　话	邮购部 62752015　发行部 62750672　编辑部 62765014	
印 刷 者	三河市北燕印装有限公司	
经 销 者	新华书店	
	730 毫米×1020 毫米　16 开本　14.75 印张　300 千字	
	2017 年 12 月第 1 版　2017 年 12 月第 1 次印刷	
定　　　价	55.00 元	

编委会

前　言

当前我国沿海各类产业园区的发展速度逐渐加快,同时也带来了一系列的水环境问题。海洋本身具有巨大的自净能力,陆源入海可溶性物质在海洋动力的作用下被迅速地稀释、输运,同时,各种物质成分伴随着水体自然循环的过程,在低浓度水平上随着不断进行的化学和生化反应而逐渐降低或同化,达到海洋水体的本底。为改变我国沿海目前废水乱排的实际状况,在现有国情条件下,走人工治理与天然处置相结合之路,利用海洋的这种自净能力,实施污水海洋处置工程,是解决沿海港口环境问题和废水出路的优选方案。

污水深海排放是在严格控制排污混合区的位置和范围、符合排放水域的水质目标要求、不影响周围水域使用功能和生态平衡的前提下,选定合适的排污口位置,选取设计合理、运行可靠的污水排放方式,采取科学的工程系统措施,合理利用海域的净化能力处置达标污水的一种工程技术措施。目前在废水离岸排放工程中,为了提高污水稀释扩散效果,往往应用扩散器作为排海工程的污水末端处置装置,其结构型式是否合理对于工程后期运行及污水环境影响具有重要的作用。本书通过对国内外现有污水深海排放工程及扩散器结构设计方法进行系统梳理,以数值模拟与物模实验为技术手段,对排海工程末端扩散器的设计方法进行系统研究,并以不同实际工程为例,进行了扩散器设计的具体论证,为我国沿海港口及产业园区的达标污水处置以及近海生态环境保护提供了技术支撑。

本书编写由作者团队完成,白景峰、陶磊等人负责编写基础理论、研究进展、模拟方法等部分,陈瑶泓伶、薛永华、井亮等人负责实例工程的编写,全书由于航统稿。在此对参与本书编写工作的各位同事表示衷心的感谢。另外,在编写期间得到了天津大学、天津市环境保护科学研究院等单位的大力支持,在此一并表示感谢。

限于作者的学识与能力,本书研究的深度和广度有待进一步深化,对书中的不足之处,还望广大读者和学界同仁不吝指正。

编　者

2017 年 9 月

目　　录

第1章 绪 言

中国拥有 18 000 多千米的海岸线,4 亿多人口生活在沿海地区。沿海地区纵跨 11 个省、市、自治区,是目前国内经济最发达的地区,沿海工农业总产值占全国总产值的 60% 左右。由于沿海地区港口发达、人口集中,部分污水和落后生产工艺所生产的"三废"带来的环境问题日益严重。据统计,目前沿海地区城市与港口排放污水量差不多为全国日排放污水量的 1/5。这些污水存在着岸边排放、无组织排放的乱排现象,致使近岸海域环境受到污染,有机物和石油类污染普遍严重,并存在富营养化导致的赤潮危害。目前海洋、河口水环境日趋恶化,尤其是港口毗邻的海域,水污染较为严重。因此,沿海港口污水的出路问题已成为制约我国港口及航海事业发展的重要因素。

近三十年来,发达国家相继以大量建设二级(乃至三级)污水处理厂,并以污水集中处理作为水体污染控制的主要手段。这种措施的确获得了成效,改善了水域环境的质量。但是,污水处理厂需要巨额的基建投资和高昂的运行管理费用,由于经济能力的限制,目前我国尚无力对如此大量的污水进行深度处理。为了降低污水处理的成本,我国部分港口利用滨临海洋的优势,实施污水深海排放工程,为解决沿海港口污水出路问题提供了又一项选择。

污水深海排放是在严格控制排污混合区的位置和范围、符合排放水域的水质目标要求、不影响周围水域使用功能和生态平衡的前提下,选定合适的排污口位置,选取设计合理、运行可靠的污水排放方式,采取科学的工程系统措施,合理利用海域的净化能力,处置达标污水的一种工程技术措施。即污水经过规定要求的预处理后,达到一定处理标准。通过铺设于海底很长的放流管,离岸输送到一定的水下深度,再利用有相当长度、具备特殊构造的末端多孔扩散器,使污水与周围水体迅速混合,在尽可能小的范围内高度稀释,达到要求的标准。无严格控制要求和自由乱排及无完整水下工程的岸边排放,都不是科学的污水海洋处置,不利于海洋资源的合理开发利用,而污水深海排放工程恰好可以避免该类问题的出现。

随着我国沿海经济与港口建设的飞速发展,港口及各类产业园区的日常污水产生量越来越大,虽然有部分污水可以实现回用,但就目前工艺而言,若达到污水全部回用仍需较长时间,剩余部分污水如果不能得到较好处置或随意排放,会对港口周边的生态环境造成较大影响。同时,近年来国家对于港口污水处置的要求逐渐提高以及港口污水量的逐渐增加,也对港口污水的处置问题提出了更高的要求。深海排放工程通过合理利用海洋的稀释净化能力,为港口的污水处置提供了一种新的办法,能够减小港口污水对于周边环境的影响,是我国水运港口发展的有力保障。

1.1　污水深海排放工程背景

海洋本身具有巨大的自净能力,陆源入海可溶性物质在海洋动力的作用下被迅速地稀释、输运,同时,各种物质成分伴随着水体自然循环的过程,在低浓度水平上随着不断进行的化学和生化反应而逐渐降低或同化,达到海洋水体的本底。为改变我国沿海目前废水乱排的实际状况,在现有国情条件下,走人工治理与天然处置相结合之路,利用海洋的这种自净能力,实施污水海洋处置工程,是解决沿海港口环境问题和废水出路的优选方案,或者可以说是必由之路。因此,《中国海洋 21世纪议程》提出"合理利用海洋自净能力。深水管道排污可以减少污水治理费用,利用海洋自净能力净化污水。沿海港口地区应逐步推广污水深水管道排海工程。"

当前我国沿海各类产业园区的发展速度逐渐加快,同时也带来了一系列的水环境问题。交通船舶排放的废油、废渣,动力装置的冷却水、油污水,洗舱水,生活污水,船舶事故或码头及水上作业造成的油泄漏和其他污染物散落到水中,园区排放的未经充分净化处理的生产废水和生活污水,经污水处理厂处理后形成的达标污水。这些污水如果随意处置或在沿海产业园区近岸区域排放,会对周边水环境造成极大影响。我国沿海区域海区辽阔,近岸海域是目前化工园区废水海洋处置的主要场所,其中有很多是水深流急、水体交换能力强,宜于处置的近岸深海和开敞海域。因此合理利用这些海洋资源,实施污水深海排放工程是有效解决沿海港口及各类产业园区废水处置的技术手段。而末端扩散器的结构参数对于污水排海效果具有极为重要的意义,因此根据实地工程的不同,采用科学的研究方法,设计合理的扩散器走向形式和结构型式,优化排海工程的环境效应与水力特性,已经成为排海工程中的重点研究领域。

1.2　污水深海排放工程的基本原则与要求

废水离岸处置工程是禁止或限制污水岸边排放和自由乱排的有效措施,污水经过工程系统集中预处理后,经管道输送到海洋中一定的水下深度,由扩散器进行排放,使之在尽可能小的范围内高度稀释,以减小对环境的冲击。这种污水海洋处置工程,同常规的污水二级处理相比,可节约 1/2～1/3 的基建投资和运行管理费用,占地减少 30%～40%,效益是巨大的。工程主要是通过提升泵站(或高位井)和排海管道,输送经过处理的港口或沿海产业园区处理达标后的生产废水和工业污水到合适海域位置排放,利用海洋巨大的稀释能力来解决污水排海问题。同时,为了使该处海水具有最佳的净化能力,拟在排放点采用离岸潜没的多孔扩散管进行排放,整体系统及装置如图 1.2-1～图 1.2～5 所示。

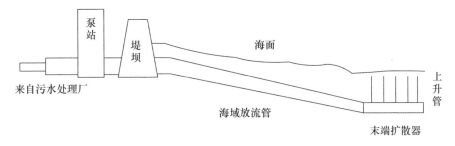

图 1.2-1 污水深海排放工程系统示意图

图 1.2-2 污水处理厂达标污水

图 1.2-3 污水陆上输送管线

图 1.2-4　污水海上输送管廊

图 1.2-5　污水立管下海

　　为了保护海洋环境,不是含有任何污染物的污水都可以进行深海排放的。深海排放的目的是为了利用海洋的自然净化能力,节约污水处理费用,改善近岸水环境质量,保证纳污水域的功能。无法自然净化和危及生态环境的污染物,可在海水、海底沉积物和海洋生物中累积富集的有毒物质。污水中的过量固体悬浮物和漂浮物等,都是禁止深海排放的,因而在污水深海排放工程中应对上述物质加以去除。施工现场如图 1.2-6 所示。

图 1.2-6 污水排海工程海上施工现场

第2章 污水深海排放工程末端扩散器概念与作用

2.1 末端扩散器的作用与概念

目前在废水离岸排放工程中,为了提高污水稀释扩散效果,往往应用扩散器作为排海工程的污水末端处置装置。扩散器是污水深海排放工程中的关键部分,一般分为单孔或多孔型式。扩散器是由扩散管道上多个喷嘴组成的复杂结构,污水由扩散器竖管上安装的喷口以高速流入环境水体,实现污水在短时间内与周围水体的混合(图2.1-1,图2.1-2)。通过选择得当的扩散器布置位置、组合形式以及水动力参数,可以使排放的污水达到最佳的稀释效果(图2.1-3,图2.1-4)。

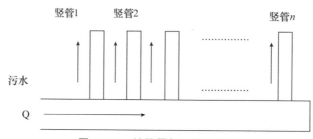

图 2.1-1 扩散器与竖管示意图

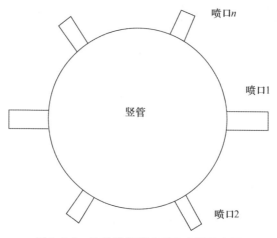

图 2.1-2 扩散器竖管上喷口布置示意图

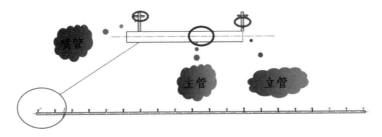

图 2.1-3　扩散器整体结构示意图

图 2.1-4　扩散器现场图

2.2　末端扩散器的走向形式与结构型式

1. 扩散器的走向形式

污水排海工程末端处置扩散器走向形式基本分为三种,即Ⅰ型、T型及Y型。

扩散器走向形式的选择,主要取决于潮流或海流的流向,由于在潮流及海流与扩散器垂直时,可充分利用扩散器的长度并使从喷口流出的污水在海水中产生最大的稀释。因此对于顺岸流一般选择Ⅰ型扩散器(图 2.2-1),向岸或离岸流一般选择T型扩散器,而在水流方向不定时一般选择Y型扩散器。

2. 扩散器喷口结构型式

扩散器的喷口结构型式一般有两种:一种为管壁开孔;另一种为扩散器上有上升管,在上升管上开孔。前一种方式适用于扩散器铺设在海底海床上,而后一种方式则主要适用于扩散器管道埋设在海底。表 2.2-1 为管壁开孔型扩散器的特点。

表 2.2-1　管壁开孔扩散器的特点

序号	开孔位置	特　点
1	与基准面成 0°夹角	管壁开孔型扩散器主要为开单孔，从 1 到 4 可以在不同位置开孔。在以上顺序中，在 4 位置中不会发生海水倒灌现象。而在 1、2 位置时，通常采用安装单向阀的形式，来预防海水倒灌的发生。1、2、3 为常用开孔位置形式，4 基本上不采用。
2	在基准面以上与基准面成 45°夹角	
3	在基准面以下与基准面成 45°夹角	
4	在基准面以下与基准线成 90°夹角	

图 2.2-1　澳大利亚 Latrobe Valley 排海工程末端扩散器示意图

对于扩散器有立管（上升管）的，开孔型式还可具体分为立管单喷口型及立管多喷口型。立管多喷口型扩散器主要用于隧道型污水排海工程及大型污水排海工程中，通过采用单一立管增加开孔数的方式，来减少由于更多的立管带来的施工困难等问题，并减少工程造价。对于立管上的开孔数，最多为 8 个，因为 Boston 污水排海工程的水力模型试验表明，在立管上喷口开孔数多于 8 个时，由于羽流排出喷口形成一个上升的圆环，从而减少了海水对污水的稀释度。表 2.2-2 为立管开孔型扩散器的特点。

表 2.2-2　立管开孔扩散器的特点

序号	立管的位置	特　点
1	在底部开孔	立管开孔位置在第一种方式，当发生海水倒灌而进行冲洗时，较容易将海水全部冲走，而第二种方式则较难一些，但总体来看，对于该种方式海水冲洗的难度，主要取决于立管的高度，立管越高冲洗所用水量越多。因此，对于隧道式，由于立管较高，多采用第一种方式。
2	在顶部开孔	

3. 扩散器尾端结构型式

对于裸置于海底的扩散器,可在扩散器末端安装一个翻板闸门,平时关闭,进行冲洗时打开。

对于埋设在海底面以下的立管多喷口扩散器,其末端通常倾斜伸出海底。另外,有时为了便于扩散器内部的清理,可以设置检查口,检查口间距大约为 200 m。

2.3 排海工程管道及末端扩散器的材质

2.3.1 常用管材及其特性比较

1. 排海工程常用的几种管材

随着科学技术的不断发展,铸铁管、热铁管、木制管、波纹管和陶瓷管均不再使用。最常使用的管材有钢管、水泥管和塑料管(高密聚乙烯管、聚氯乙烯管和玻璃钢管)。

(1)钢管

碳钢管的基本特点是易于施工和连接,抗变形能力强,抗拉强度大,且它的市场丰富,容易得到。它被广泛用于排海管道,但碳钢不耐海水侵蚀,使用时需要防腐措施。

(2)水泥管

水泥管的基本特点是造价低,有一定的抵抗人为外力损坏的能力,在海水中寿命较长。在早期,它被广泛用于大管径放流管的安装。通常管径大于 1200 mm。由于其重量大,需采用逐段铺设法,采用扩锥形接口和承接口,但无法架设无支撑的大跨度的管道。

在海洋环境中,水泥管会发生腐蚀胀裂,钢筋混凝土内钢筋生锈也能使混凝土胀裂。因此,水泥管抗变形能力差,泄漏难以修补,连接工艺比较复杂,施工不易进行,并且施工费用比较高。

(3)塑料管

塑料管(HPDE,PVC)的基本特点是重量轻,抗腐蚀性强,耐蚀寿命长,有一定的抗变形能力,但强度低,没有很强的耐破坏性,易被船锚破坏。常用的塑料管有高密聚乙烯管、聚氯乙烯管。

塑料管可作为湖泊、海湾和无风浪水体的放流管,但不宜用在放流管长的管道。塑料管采用焊接的方法链接。由于塑料管较轻,在施工时,需要增加配重层,以防管道漂浮,因此施工比较复杂。

在世界范围内,塑料管道应用历史很短,目前还没有这种材料使用情况的长期记录。

（4）玻璃钢

玻璃钢（FRP）也是一种塑料。玻璃钢材料的基本特点是比重小、强度大、防腐性能好、不易发生泄漏，其寿命比钢管长数倍。从理论上推导，玻璃钢的一般使用寿命可用 50 年。它可作钢管的防腐衬里，玻璃钢只耐 16 个大气压，因此，只限于用在水深 16 m 以内的排海管道。玻璃钢直接采用承插接口连接，外部涂敷树脂和玻璃布。

2．四种管材性能的比较

（1）材料的耐蚀性能

根据试验和实践应用得出，碳钢不耐海水和污水腐蚀；混凝土、塑料、玻璃钢耐海水腐蚀良好；水泥、塑料耐污水腐蚀一般，玻璃钢耐污水腐蚀性能良好。

在耐蚀性能方面，除碳钢之外，其余三种材料均可作为排海管道材料，其中玻璃钢的耐蚀性能更为优越。

（2）材料的物理性能

在材料的物理性能比较中，强度是最主要的设计依据。在这些材料中，碳钢的强度最高，其次是玻璃钢、塑料和混凝土。

3．小结

四种管材性能分析见表 2.3-1。

表 2.3-1　四种管材性能分析表

管材名称	性能						
	耐污水	耐海水	强度	施工	价格	耐蚀年限	适用范围
水泥管	可以，但有明显腐蚀	优良	低	逐段铺设，采用扩锥形接口和承接口施工方案	低	较长	管径大于 1200 mm
玻璃钢管	良好，腐蚀轻或无	良好	较强	承插接口连接	中	理论推导可用 50 年	只耐 16 个大气压
塑料管	可用，但有明显腐蚀	良好	较低	需加配重层，施工比较复杂	中	无长期使用记录	湖波、海岸及无风浪水体
钢管	不可用，腐蚀严重	差	强	容易施工，焊接或法兰连接	中	一般 0.5～5 年	适用范围广泛
采取有效防腐措施的钢管	可用	良好	强	容易施工，焊接或法兰连接	中	30 年以上	适用范围广泛

综合分析各种材料的耐蚀性能、物理性能和造价得出如下结论：

（1）水泥管具有良好的耐蚀性能和抗变形能力，可以作为排海管道，但适合用于管道直径大于 1200 mm 的放流管。

（2）碳钢虽然耐蚀性能不佳，但是它具有高强度、易施工等特点。因此，在采用有效防腐措施的情况下，碳钢管可以作为排海管道。

（3）塑料管具有良好的耐蚀性能和一定的强度，可作为海湾和无风浪水体的放流管。目前没有长期使用记录。

（4）玻璃钢管既具有优良的耐蚀性能，又具有高强度，并且价格比较适中。它非常适合用作水深在 16 m 以内的排海管道，随着科学技术的发展，玻璃钢管将会得到更多的应用。但目前，没有长期的使用记录。

2.3.2 排海工程管材应用实例分析

从国外排海工程文献中，搜集到 1939—1990 年之间 61 例排海工程管道的材质情况。在 1939—1977 年间的排海工程中，使用比例最大的管材是水泥管（增强混凝土管和混凝土管），其次是钢管、铸铁管、高密聚乙烯管、聚氯乙烯管。在 1977—1990 年间的排海工程中，使用比例最大的管材是低碳钢管，其次为水泥管、玻璃钢管、高密聚乙烯管。具体分析如下。

1. 水泥管使用情况分析

在 20 例应用水泥管的排海工程中，其管径除两例分别为 760 mm、910 mm 以外，其余 18 例管径均在 1220～3660 mm 之间。由此，可以得出一个结论，水泥管一般都应用在大口径的排海工程中，实际应用与指导理论基本一致。

2. 钢管使用情况分析

在 25 例应用钢管的国外排海工程中，其管径在 300～990 mm 之间的有 12 例；其管径在 1220～3050 mm 之间的有 5 例；其余 8 例未注明管径大小。由此可以看出，钢管既适合做小管径排海管道，也适合做大管径的排海管道。但用于 1 m 直径以下的管道多一些。

3. 玻璃钢管使用情况分析

在 1977—1990 年的 11 个国外排海工程例证中，有 4 个工程管道采用了玻璃钢管。它们的建设期在 1985—1990 年之间。也就是说，到了 20 世纪 80 年代，随着玻璃钢材料的开发和应用，其也被越来越多地用到排海工程之中。

从上述分析可以看出，随着材料科学的发展，水泥管逐渐从主导地位步向配角地位，在当今的一些排海工程中，主要用混凝土层来做配重和防护层。由于防腐技术的不断提高，碳钢管的应用比例有增无减。新型的塑料管、玻璃钢管在排海工程中得到了进一步的应用，并将会得到更大发展。

第3章 国内外污水深海排放扩散器研究进展

3.1 污水深海排放工程研究进展

3.1.1 国外研究进展

废水离岸处置技术的形成和发展已有较长历史。早期的离岸处置工程不进行任何前期预处理,直接将污水通过管道在岸边或近岸水下排放(图 3.1-1 和图 3.1-2)。19 世纪末期,英国、澳大利亚等国就开始修建此类污水排海工程。20 世纪初期,悉尼市已有了第一批排污管,但这时的污水海洋处置工程一般都无任何预处置措施,而且一般只是一条放流管,末端直接开口,即不带扩散器,排放的污水一般不经过任何处理,直接排入海洋中。

图 3.1-1 排海管道岸边铺管现场

图 3.1-2 排海管道海洋铺管现场

到了 20 世纪 30 年代,污水排海技术取得了重大突破,一方面开始在放流管末端加装结构简单的扩散器;另一方面在污水排海前进行预处理,污水海洋处置形成了较科学的工程系统。例如 1925 年,英国的 Hengistbury 污水排海工程进行了污水预处理,并设计安装了 6 个喷口的扩散器。

在 20 世纪 60 年代以前,扩散器的喷口都是疏排型的,喷口间距很大,喷射水流互不干扰。1960 年以后,已有采用密排型喷口的,因而逐渐形成现代污水海洋处置的基本模式:污水经过一级处理后,通过海底排放管,采用喷口疏排型或密排型的末端扩散器排海。

污水深海排放技术的形成和发展,在国外已有较长的历史。目前,国外学者在理论和工程实践上都有不少经验,在工程设计上以及环境影响预测的规范化、标准化与耦合模型求解上也取得了不少成果。美国于 1972 年就实施了"净水法"(Clean Water Act),要求污水必须经二级以上处理后才能排放。但是,很多科研人员认为沿海的港口全部要求二级处理是不现实的。研究和科学证据表明,保护海洋环境不是在所有条件下都是必须经二级处理。20 世纪 70 年代增加的环境数据和随后的政策压力使联邦政府在 1977 年修正了"净水法",允许 EPA 对污水排放不会造成环境损害的海岸地区可接受二级处理豁免权。

美国多名来自 Scripps 海洋学研究院和其他大学的科研人员针对 Point Loma 排海工程污水排放,用了 20 年时间,进行的耗资数百万美元的监测、研究,记录和研究了海草的生长、海底生物的丰富性和多样性、泥沙和水生生物的污染水平以及水质的变化趋势。科学证据毫无异议地表明:其污水处理水平没有危害海洋环境。事实上,看起来海洋环境还有所提高。美国国家研究委员会检查了相似的工程,波士顿港污水海洋处置工程经 8 年的运行,具有良好的生态系统,然而也没有遵守"完全的二级处理"要求,根据监测结果,授予了对该排海工程二级处理的豁免权。

美国 1960 年仅在南加利福尼亚湾内就有 7 处一级处理之后排海工程;到了 1985 年,美国西海岸排海管道达到 250 处,美国排海管排放的污水大部分经过一级处理,少部分经二级处理,排放口处水深大多为 $20\sim40$ m,最深处 120 m。英国至今已有近百个污水海洋处置工程。加拿大不列颠哥伦比亚省,仅一省的滨海岸就有 20 多个污水海洋处置工程。成熟的一级处理之后排海工程一般离岸几千米到十多千米,排放口深度在 $30\sim100$ m 之间。目前,世界上已建的最大污水海洋处置工程莫过于美国的 Boston 污水排海工程,其放流管远达 14 km,扩散器最深处 125 m,污水日排放量为 180×10^4 m³。排海管道及扩散器水下现场如图 3.1-3 和图 3.1-4 所示。表 3.3-1 中列出了国外部分污水排海工程的实际情况。

图 3.1-3　排海管道水下现场

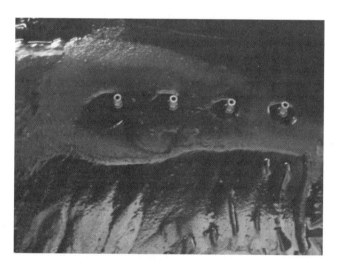

图 3.1-4　排海管道末端扩散器水下现场

表 3.1-1　国外部分排海工程情况简介

序号	国家地区	地　　点	放流管参数		排放口水深/m	建成日期	备　　注
			直径/m	长度/m			
1	英格兰	Blackpoll	2.5	1000	—	1965	
2		Brighton	2.3	1830	17	1974	
3		Lowestoft	2.1	1050	—	1970	
4		Portland	1.7	2700	27	1984	
5		Tyneside	2.2	4500	—	1968	
6		Northumbria	1.2	4500	—	1987	

序号	国家地区	地 点	放流管参数		排放口水深/m	建成日期	备 注
			直径/m	长度/m			
7	苏格兰	Edinbrug	3.7	2800	16	1978	
8		Aberdeen	2.5	2500	66	—	
9		Irvine	2.9	2000	—	1984	
10	爱尔兰	Howth	1.8	—	18~21	1956	
11	美国	Boston Harbour	7.3	14000	70~125	1995	
12		Oxnard CA	—	1585	15	1960	
13		Hyperion CA	—	11200	100	1960	
14		JWPCP CA	—	2800	60	1960	
15		CSDOC CA	—	8350	55	1960	
16		ENCINA CA	—	1600	30	1960	
17		SERRA CA	—	2650	50	1960	
18		POINT LOMA	—	4000	60	1960	
19		San Francisco CA	3.66	7315	26	1980	造价1.5亿美元
20		Central Contra Costal	1.33	480	9	1958	造价20万美元
21		San Onofre	5.5	—	—	1976	流量 105 m³/s
22		Redondo Beach	—	—	—	—	流量 48 m³/s
23		Ormond Beach	4.27	—	—	1969	流量 30 m³/s
24		San Luis	—	—	—	—	流量 0.1 m³/s
25		Ebda	—	11610	—	—	
26		Nassan	—	11000	—	—	
27		Orange	—	1800	—	—	
28	澳大利亚	Bondi	2.3	2000	60	1991	
29		Maiabar	6.5	4000	115	1990	
30		North Head	3.5	4000	60	1991	
31		Burwood	2.5	2000	60~80	—	
32	芬兰	Helsinki	—	8000	88	1986	
33	加拿大	Montreal	6.1	4570	—	1984	

目前,国外在废水离岸处置理论研究和实际应用上都有不少经验,在工程设计与环境影响预测等方面也取得了较丰富的研究成果,但在以下几个方面还是比较薄弱的:① 污水海洋处置对生态系统的环境影响评价;② 污水海洋排放的限制性条件及水质标准的技术经济分析;③ 污水海洋排放工程设计方法的实用化、标准化;④ 污水海洋处置与城市水环境综合整治的综合分析。

3.1.2 国内研究进展

国内从"六五"期间开始研究废水离岸处置工程,并列为国家科技攻关课题"水环境容量研究"的组成部分,研究深圳市污水深海排放工程。"七五"期间,在国家科技攻关课题及其他科研课题中,沿海沿江地区及港口地区,如上海、深圳、海南、宁波、杭州、大连、青岛、烟台、武汉、天津、威海和嘉兴等地,已规划或实施了海洋(江河)处置工程;台湾和香港地区亦建有污水排海工程,并取得了较好的成果。

中国对污水海洋处置工程也进行了大量的环境影响监测,上海市合流污水治理一期工程竹园排放口(170×10^4 m³/d)建成后,从连续三年的水质监测结果来看,大部分水质指标在污水排放前后未见明显变化。上海市星火开发区排海工程(10×10^4 m³/d)于 1993 年投入运行,运行至今,每年均对附近海域进行水质监测,在排放口扩散器东西两侧 10 km 范围内,设 9 个断面取样分析。多年的监测资料表明,排放口扩散器附近 2 km 处的水质与 10 km 处的水质无明显差异。从一定程度上反映了本工程没有对环境造成负面影响。

在污水深海排放工程的理论研究方面,国内的学者也进行了大量研究。严忠民等人结合我国河道排放的发展方向,进行了系统试验,研究了排海工程在有限水深且有限宽度水域水平潜没排放的近区掺混稀释特性,分析了近区掺混稀释的影响因素,提出判别近区流态变化的影响系数,得到近区稀释度变化的影响规律,为排放工作研究和设计提供了可靠的依据。韩保新、彭海君等人针对点容量计算中混合区限制的要求,采用了动量积分法、经验公式法和有限差分法,分别对污水排放后可能引起的近区、过渡区和远区的污水浓度变化进行了模拟预测,并就一定的限制性条件对容量点近区、高浓度混合区及容量点远区影响范围进行了分析,还以大亚湾为例进行了水环境容量计算,结果表明该方法有精度相对较高等优点,为分析污水稀释扩散效果提供了技术支撑。卢士强、林卫青等人建立二维水动力模型模拟受纳海域的流场,然后利用实测水文资料对模型进行设定和验证,开展设计水文条件下的流场模拟,提取拟建排污口水域的水深和流速、流向的时间序列,再利用近区模型计算任一时刻的初始稀释度,最后进行累积频率分析得到设计保证率下的初始稀释度。赵毅山、刘维禄等人根据已建成的上海市污水治理二期工程资料为依据,采用数值计算其中阻力系数的方法,研究在波浪因素的影响下污水排海工程的出流量变化,取得了很好的效果。张观希、黄小平等以大亚湾为例,开展水质数学模拟扩散系数大亚湾现场求取试验,采用示踪剂扩散试验法,了解水流运动的稀释扩散能力,根据示踪剂运动轨迹和浓度分布,求出水平纵向扩散系数和横向扩散系数,为污水排海工程的建设提供了理论依据。

综上所述,中国流体和环境科学家对深海排放工程理论研究比较集中于开放性海域及内河污水射流稀释扩散的试验及理论研究,虽然取得了不少研究成果,但与发达国家相比,在物模试验、污水扩散效果等方面的研究还存在一定差距。同时由上述实例可见,污水海洋处置工程与陆上处理程度相适应,不仅可节省投资,而且可有效改善水环境,对海洋环境无明显不利影响。如果能证明降低处理水平后受纳水域的水质目标仍能满足目标要求,降低处理水平应是允许的。当然,我们也应看到,由于污水海洋处置工程在中国的起步较晚,同时由于经济实力所限,中国的海洋处置工程与国外发达国家相比还有一定的差距,因此,应加强对海洋处置工程的科研,建立完善污水海洋处置的规范,走适合中国国情的污水海洋处置道路。另外,深海排放工程是用来减少污染的环境工程,但如果使用管理不当,也可能成为影响环境的污染工程。这其中的关键就是需要研究污水出流的扩散效果与环境效应,通过改变工程中的一些技术手段和结构型式,降低污水的环境影响,提高污水深海排放工程的可行性。

3.2　末端扩散器机理研究进展

3.2.1　国外研究进展

目前对于污水深海排放末端技术的研究与应用,国内外还是以设置扩散器为主要技术。国外在这方面的研究开展较早,20 世纪 20 年代,国外开始建造一些带有多孔扩散器的污水海洋处置工程,并且污水在进行海洋处置之前也开始进行一些处理。当时许多学者已经认识到,利用多孔扩散器将污水分散排放,有利于污水与海水的混合,从而可以提高稀释效率。之后,人们的研究不断深入,从近海排放延伸到深海排放,这种满足一级处理要求的远距离深海排放的海洋处置技术及终端扩散器的结构型式研究,在 20 世纪中期以来得到迅速的发展。

从结构型式设计来看,国外的扩散器结构也有所不同。美国加利福尼亚的奥诺腓排海工程扩散器采用的为上升管单喷口结构,进口为圆角,采用肘型弯管引导出流。澳大利亚的 North Head 排海工程采用 I 型结构扩散器,为多喷口结构,36个上升管的间距为 21 m,每一个上升管上顶有 6 个喷口。Maiabar 污水海洋处置工程采用 L 形结构,扩散器出口位于海平面以下约 80 m,长度约 700 m,28 个垂直上升管的间距为 28 m,每一个垂直上升管顶都有 8 个喷口。同时美国 Boston 污水排海工程的水力模型试验表明,在立管上喷口开孔数多于 8 个时,由于羽流排出喷口形成一个上升的圆环,从而减少了海水对污水的稀释程度;Wilkinson 对管道排放系统的海水充满时间进行了试验研究,认为海水充满时间随着排放管底坡和竖管高度的增加而减小。对于海水入侵时间过程的研究实质是对海水楔及海水循环形成、发展和衰减过程的研究,对于预测海水楔的形成和发展以及清除时间和清除过程提供了参考依据。

具体的研究内容,可分为理论研究、试验研究以及具体工程措施改进研究三个方面。

1. 理论研究

在末端扩散器技术研究方面,目前国外的研究主要是开展扩散器流体力学理论的研究工作。理论基础主要以建立海域水动力模型、污染物输移扩散模型、质点追踪模型、泥沙场模型等为主。国外早期主要采用 ROBERTS、BROOKS 等经验公式作为理论依据,开展废水出流后预测近区稀释度和海域水动力特性模拟的具体工作。后续随着研究的深入,发现公式预测精度不足,目前这类理论已很少使用。Blumberg 等人在研究中,基于稀释度理论,以海域流场和污水出流的扩散效果为目标,首次采用远区环流理论对扩散器废水出流的排海稀释度进行了分析,这种理论目前已成为模拟海洋流场与废水水流特点较为常用的理论方法。Etemad-Shahidi 以 CORMIX2 和 VISJET 模型理论为依据,针对废水离岸处置工程中羽流的上升高度和稀释度进行了分析,表明羽流流态与稀释度具有密切的联系,也是扩散器部分特征参数的确定依据,这种理论已经成为离岸处置工程中排污口位置确定及扩散器结构参数确定的主要依据。随着研究的发展,末端扩散器系统内部的流体分布及流场运动特性越来越受到学者的关注,废水流动形式的分流变化特征成为了主要的研究理论基础,根据分层流动理论也有较为成熟的计算方法。基于上述理论,研究人员逐渐开展了明渠理论的分析,早期的研究者试图利用明渠理论解决扩散器系统污水均匀出流特性分析以及工程暂停情况下的海水入侵问题的可能性。Sharp and Wang 以圆形管道为对象,对圆管中的海水与废水掺混特性开展了试验研究。根据研究发现,在海水入侵扩散器系统内部的情况下,海水楔形状的变化随着时间的推移而减小,研究中将具体量测结果与明渠理论的计算结果进行了比较,提出在圆形的明渠管道中,明渠理论可以直接作为分析扩散器系统内部海水入侵的主要依据。

其他学者在此基础上也开展了类似的研究工作,并将研究结论与之前的明渠理论进行了对比,这些工作也推动了废水离岸处置末端技术的基础理论研究。Davies P A 经过研究工作得出,之前将圆管管径和明渠水深作为可比的长度因子,并以此定义圆管流动和明渠流动的密度佛汝德数(F_c,见本书 p.95),不能反映明渠宽深比这一关键因素对水流运动的影响。基于以上成果,提出在圆管中均采用水力半径作为相应的长度因子,以此定义密度佛汝德数,在此基础上重新对 Sharp and Wang 的研究结论与明渠计算结果进行比较。通过比较发现,直接将明渠分层流理论推广到废水离岸处置工程中是不合理的。造成明渠与圆管流动差异的根本原因在于:计算中明渠水流由于流态相对简单,可定义为二维流体流动。但是在废水离岸处置工程中,特别是工程末端扩散器部分,由于其具有复杂的结构型式,废水流出与海水流入都具有三维流动的特性,这些特性会影响到水流与液体分层的效果,使得废水出流、海水交换的部分参数发生变化,从而造成废水流动的真实特性与理论计算结果偏差较大。因此将分层流动理论看作二维效果直接应用于废水离岸处置工程计算中是不合适的,准确程度相对较差。

基于以上研究,后续的理论研究逐渐转入到工程中的水流形态要素。通过建立更为合理的水动力学模型以及方程作为研究的基础。许多学者针对废水离岸处置末端扩散器的不同结构型式对水流特性的影响进行了研究工作。Munro 等人在1981 年通过构建数学方程,对排海工程末端喷口处压力水头进行分析,在此基础上提出了研究污水入侵扩散器的判别需要以密度佛汝德数作为依据的理论,其中涉及了海水密度、废水密度、喷口直径、出流流速等因素。根据该研究理论,可以对废水离岸处置的临界流量进行计算,有利于指导整体废水排海工程的前期设计与后期运行管理,避免低效运行导致能耗增加的现象。随后 Wilkinson 通过研究扩散器喷口内部与外部压力变化的关系,计算得出清除海水所需的流量远远大于防止海水入侵所需的流量,这个结论在后续的研究中也得到了大多数学者的证实,是防治废水离岸处置工程发生海水入侵的理论基础,其研究过程主要是基于扩散器发生海水入侵及海水清除是两种不同的运动机制及过程,需要控制的流态因素也各不相同。此后,在 Munro 研究成果的基础上,Adams 等人对于扩散器与喷口连接的上升管高度进行了研究,分各种不同工况进行了计算工作,研究了上升管不同高度情况下废水出流的稀释度变化情况以及水头损失情况。Duer Michael 通过基于不同废水流量的情况,计算了在喷口安装鸭嘴阀的情况,研究了带有鸭嘴阀结构的扩散器废水出流稀释特性,并发现安装鸭嘴阀后,扩散器能够取得更好地稀释效果,保证了鸭嘴阀在扩散器应用中的可行性。为了进一步引入分层流交界面紊动掺混挟带对清除过程的影响,Burrows 等人提出以 Wilkinson 清除规则为基础,考虑不同介质交汇界面流速、不同介质流体密度、掺混夹带作用等因素,计算扩散器系统内部各个区域的流体形态,研究结论由于加入了出流密度变化因素,因此对于 Wilkinson 清除规则的计算结果是一个良好的修正。

对于废水离岸处置工程而言,末端扩散器的设计与出流效果计算至关重要,直接影响其整体工程的运行效果。由于扩散器是一种具有多孔形态的特殊装置,其本身的结构参数较为广泛,包括扩散管长度、上升管个数、间距、喷口角度、喷口型式等,这些参数都影响着扩散器的射流效果。而通过优化计算,可以大大提高废水出流的环境效果,使初始稀释倍数达到几百倍,并决定着扩散器百米区域的紊动稀释和高浓度场的存在与否,因此理论计算对于废水离岸处置工程的成败起着决定作用。

国外许多学者利用量纲分析的方法研究了不同结构型式下废水出流后射流区和羽流区的速度和浓度断面分布,发现在稀释度较好的情况下,废水出流后分布具有很好的自相似性。Papanicolaious 和 List 在分析前人大量的研究后,确定了射流区和羽流区内速度和浓度的分布函数的指数系数以及断面扩展半宽等特征参数,研究了轴线上流速和浓度的沿程变化,给出了轴线衰减规律。当水深影响到射流的速度分布,自由紊动射流就成为有限水深中的射流,静止浅水中的紊动射流的研究主要包括:Pryputniewiez 等人研究了射流中线的温度衰减规律;Jirka 等人研究了有限水深静止水体中浮力射流的稳定和混合问题,得到稳定性的判断标准;Soby 等人研究了水平圆形射流和浮力射流,他们的试验通过改变射流口距底边界的距离,发现边壁效应和自由面显著地改变了流体流态和射流轴线浓度的衰减情况;后续研究发现,恒定流环境中紊动射流根据环境水体的流动方向与射流出口方向的关系又可分为同向射流、反向射流和横向射流三种：当射流方向与环境水流流动方向一致时，便形成了同向圆射流，研究者们对同向圆射流特性进行了大量的研究工作；基于拉格朗日研究理论，Chu 等提出了一个积分模型，用来描述同向圆射流的掺混特性，该模型的计算可用于射流中心稀释度、射流宽度以及射流中心超值速度的衰减等参数，Chu 等将模拟结果与前人的试验资料进行了对比，发现吻合较好。而反向射流的研究起步较晚，Yoda 等认为可能是由于反向射流的不稳定性和对反向射流的速度及浓度场缺乏精确测量手段所致，对反向射流的多数研究成果出现在 20 世纪 90 年代之后，主要集中在反向射流的时均特性，紊动特性的研究成果较少。Lam 利用技术研究了不同流速比下反向流动环境中紊动射流的流场特性，获得了射流轴线上时均流速及紊动强度的沿程和横断面分布规律，其流速条件下的射流长度随射流出口流速大小增加而增加，射流扩展宽度因反向流体运动作用而增大，并利用流动显示技术发现在射流初始区域内的大尺度涡结构，为进一步研究射流内部的流动结构提供了有力依据。横向射流较上述几种射流情况在工程上应用更广泛，其特性也更为复杂，受到了研究者们的广泛重视。

2. 试验研究

近年来随着研究的深入、工程型式越来越复杂等问题，导致流动型式也日趋复杂。研究人员发现，简单地通过理论计算已经不能满足研究的需求，理论分析这种研究方法也面临着巨大困难，因为这种方法是建立在一系列假设条件基础之上的，同时不具备直观性。在这种情况下，试验研究成为一种重要的手段，研究人员逐渐开始利用各种物理模型试验的手段，分析废水离岸处置工程中出现的各种问题。这主要基于两方面的原因：一方面类似于离岸处置这种规模较大的工程非常适合通过模型试验对各类关心的问题开展研究，进行设计工作；另一方面通过试验研究可以利用概化模型对各种流体的流动基本过程进行进一步了解，能够直接进行观测。试验研究从 20 世纪 80 年代开始逐渐兴起，大量学者在实验室里进行了定性和定量的试验模拟工作，对废水排海工程、末端扩散器系统、废水出流外部效果等方面进行了研究，针对系统内部各类流体运动规律形成、发展和衰减过程进行了定性和定量的观察，为理论分析方法提供了良好的补充。同时，通过试验研究寻求各类影响废水出流环境效果与水力要素之间的定性关系和定量关系，探索提高工程运行效率和环保效果的对策措施。

Wilkinson 等人在理论研究的基础上，开展了模型试验研究，进行扩散器系统内部海水入侵与清除的研究，这是开展较早的试验研究工作。通过具体观察得出，海水入侵的原因不同，其海水与废水流动形态也存在很大区别。海水入侵的基本形式可分为海水楔阻塞和循环阻塞两种：海水楔阻塞是指废水离岸处置工程末端扩散器在充满海水的情况下（一般是工程运行前存在状态），开始进行废水排放工作，由于前期废水流量相对较小，扩散器内部废水与海水存在密度差，因此会产生分层的现象，因此海水会继续从近端的上升管流入扩散器内部，形成海水入侵；

而循环阻塞是指由于某种原因,工程突然停止运行,管道及扩散器内部的废水因为具有动量会继续向前流动,从远端的上升管排出,海水会由于压力较大从近端的上升管流入扩散器,之后随着内部的废水从远端上升管流出,在短时间内形成一个相对稳定的循环。不同型式的海水入侵其清除过程也各不相同,突出表现在竖管清除的先后次序上:对于海水楔阻塞,竖管清除的次序通常是从近岸端竖管开始,逐渐向远岸端推进;对于海水循环阻塞,竖管清除次序则与之相反。

在 Wilkinson 的试验基础上,许多学者进行了废水离岸处置的试验研究工作。研究发现,影响废水排放环境效应与水力特性的因素有很多,主要集中于末端扩散器的影响。归纳起来,包括扩散器本身的内在结构型式和外界因素两个方面。内在结构型式因素包括长度、上升管高度、间距、扩散器直径、喷口角度等;外界因素包括排污口位置、水深、潮流、海水盐度、废水流量等。在内在因素方面,Neville Jones、Palme、Eric Adams 等众多学者研究了竖管高度、喷口射流角度、竖管间距、扩散器倾角、喷口淹没水深以及海水盐度、流速和波浪等多种因素对废水出流环境效果与水力特征的影响,得出了很多关于各种因素对流动影响趋势的分析结果。外界因素方面,经过研究发现,在所有的外界影响因素中,水动力条件和污水输入流量过程是两个最为重要的因素。Neville Jones 等人利用物模试验开展研究,针对扩散器上升管高度与扩散效果的关系进行了研究。通过试验研究认为,如果水动力条件与上升管高度可比时,水动力条件的变化会引起扩散器结构的局部震动,容易引起喷口处海水流向发生变化,导致废水扩散效果降低;K. Whyte 等人经过试验研究发现,外界波浪波长和周期不同,在发生海水入侵情况下,引起的入侵量也会有所不同:对于深水波,波浪对海水楔的影响不明显,但是在试验中仍能观察到振荡沿着排放管传播;对于浅水波,波浪对海水楔的影响表现较为显著。污水输入的流量过程是影响海水清除过程的另一个重要因素,Eric Adams 等人通过模拟不同污水流量与流速情况下污水的扩散效果发现,流量随时间增加越快,污水的扩散效果也越明显,污水的出流均匀程度越高,发生海水入侵的可能性相对越小。

随着污水排海工程复杂程度的上升,末端扩散器的结构型式也发生了变化,由简单的直管型式开始向多歧管型式转变,因此试验研究的技术方法和研究手段也发生了一定的改变。由于以往的研究是基于对简单的光滑圆形管道进行模拟,分析各种参数对于排海工程效果的影响,因此对于结构型式相对复杂的多歧管结构开展研究具备一定的局限性。英国的水污染研究试验室采用现场与模型试验相结合的手段,对于英国不同地区的污水海洋处置工程进行了模拟试验研究,将试验数据进行了回归分析,得出了初始稀释度的计算公式,对于解决废水出流的环境效果奠定了理论基础。该研究中涉及了环境水流速度、废水射流流速等一系列的参数。在此基础上,英国水力研究所在试验室内,利用小型水槽设备,开展了废水出流的浮射流模拟工作,利用类似的技术方法得出了最小稀释度的估算公式,并在后续的实际深海排放工程中进行了应用,取得了良好效果。

Lee 等人曾将 L-NJ 公式、Agg-Wakeford 公式和 Bennett 公式的计算结果与英国 4 处污水海洋处置工程的现场试验数据进行比较,发现 L-NJ 公式与试验数据拟合程度最好,而且 L-NJ 公式又具有一定的理论基础,可以认为 L-NJ 公式是目前最值得推荐的用于动水、密度均匀情况浮射流初始稀释度预测的公式。Wright 等人考虑到在海洋中,废水离岸处置工程由于大部分时间处于动水状态,各类流体密度分布存在差异,以往的静水条件计算适用性不强,因此考虑浅水条件下,水体容易发生垂向均匀混合,难以产生明显的密度分层,需要对稀释度的渐进解进行计算;从而假设在 10 m 左右水深的条件下,扩散器各个圆形浮射流互不干涉,利用水槽试验的方式分析了稀释度计算的待定常数。

Jirka 等人对复杂型式扩散器的浮射流进行了试验研究,结果表明过于密集的扩散器喷口虽然有利于污水出流,但出流后由于扩散器本身存在卷吸作用,会使得扩散器周围形成低压区,造成两侧的水流很快合并,污染物浓度会相应增大,使得污染物升顶事件变短,不利于稀释扩散。但喷口数量过少,也会造成废水出流后污染物在局部区域增多,同样不利于扩散,因此扩散器喷口数量的确定需要进一步研究。Roberts 等人根据 Jirka 的研究结论,采用量纲分析结合试验研究的方法,得出了相关的经验曲线。根据曲线分析结论,在静水、密度均匀情况下,二维线浮射流上升到水面后形成的水面污染场的厚度大约为水深的 30%;在动水条件下,约为 10%,喷口数量的增加会对该结论产生一定的影响,随着喷口数量的增加,污染场厚度会有所降低。

另外还有一些学者利用试验研究的方法对实际工程设计进行了分析。很多研究者从改进扩散器系统自身结构型式的角度,对提高系统抗入侵能力和加速废水稀释扩散的工程措施进行探索研究和应用。例如在喷口安装鸭嘴阀的方法,已经成功运用于很多排放口,如英国 Weymouth 排放口岸、美国旧金山 San Francisco 机场排放系统等。适当地增大扩散器射流角度,减小上升管高度,保证废水出流后已有较长的稀释扩散时间等。可以看出,国外对于废水离岸处置末端技术的试验研究具有相当长的时间,研究领域涉及了扩散器内、外部系统,试验手段主要为现场测试,或是采用水槽观测等手段,这些研究都为实际应用奠定了良好的基础。

3. 数值模拟计算

由于扩散器具有多孔结构,其内外部的流动特性非常复杂,特别是当具有不同介质或外部条件变化时,水力关系复杂,给理论分析与试验研究带来了很大的困难,单一的试验研究已经不能满足计算研究。同时,模型试验耗资耗时,模拟的区域大小也有所限制,若要进行多方案比较存在困难,大部分试验模拟需要转变成变态模型或者局部模型,观察整体工程效果较难实现。因此在大多数工程实际设计与分析中,除了试验模拟的方法,还需要利用数值模拟的手段来开展。当今社会,随着计算机技术的快速发展、数值模拟技术的提高,计算机模拟速度与精度也有大幅度提高,这使得运用数值模拟手段分析废水离岸处置工程的过程和运行效果成为可能。19 世纪 80 年代,部分研究人员对于流体运动的数值模拟就有了基本的概念,后续在研究人员的努力下,数值模拟技术得到了快速发展,并形成了多种方法。早期应用较广的是水平面二维水动力数值模拟技术,这种技术应用于海岸河口地区,主要是以差分网格的手段,分析流体运动特征。

二维水动力数值模拟研究历史可追溯到 20 世纪 50—60 年代,该时期在大量一维数值模拟的基础上,出现了一些较简单的二维模型,主要用以研究水流运动规律。70 年代,二维模型得到深入的研究和广泛的应用,许多学者在河口、近岸海域潮流模拟中应用包括有限差分法、有限单元法、特征线法等模型数值解法,并在这些方面进行了探索。较早将数值模拟运用到废水离岸处置工程研究的是 Mort、Burrows 等人,针对外界海浪作用下的废水出流环境效应和水力性能进行了分析计算。此后,部分研究人员对于计算模型进行了修正,取得了较好的模拟效果。英国贝尔法斯特大学 Naomi Ruth Shanno 等人设计了较为简单的物理模型,并构建了二维数值模拟模型,通过两种手段相结合,共同分析废水的扩散效果,重点对二维数值模拟的合理性进行了论证。研究中采用的物理模型是单一的直线型结构型式,较为简单,并将扩散器上升管及主管道都概化为方形,也考虑了海水入侵的过程,并利用激光多普勒测速技术对流速进行测量,得出各运动要素(流速、密度、压力)随时间的变化过程。数值模拟主要是采用二维模型,设定为非恒定流,在计算中加入海水浮力、外界流场、多相流影响等因素,采用有限体积法进行计算。二维数值模型中的紊流模型采用标准 ε-k 模型,利用多重网格技术,算法采用 SIMPLE 算法,对非恒定流动过程进行数值模拟,为后续采用数值模拟方法分析废水离岸处置工程提供了参考依据。

目前,随着研究的深入,数学模型工作已经发展到三维模拟阶段,具有代表性的就包括海岸河口海域水流运动的模拟。为了准确地模拟流体在河口、海洋等区域内的三维流动特征,三维水动力模型的应用也越来越广泛。随着计算科学的发展,三维数值计算方法业已取得巨大的进展:在空间离散上,有差分法、有限元法和有限体积法;在时间计算方法上,有显式、隐式、半隐式以及时间分步法;在模拟格式上,有 ADI 法、迭代法、多重网格法以及并行技术;在动边界处理上,有固定网格和动态网格技术。这些技术都保障了三维数值模拟能够应用于不同的区域内。

20 世纪 70 年代,研究人员开始在二维模型的基础上,构建三维水动力数学模型,并开展数值模拟工作,逐渐得到了广泛的应用。最早的三维模型是模拟环流特性,较多的应用是在海洋与河流中模拟潮流等条件的自然变化。这个阶段的模型以刚盖假定为基础,不考虑海洋、湖泊的表面特征,定义水面是固定不变的,因此法向速度为零,构建的网格尺寸也相对较大。这种方法在模拟大尺度的海洋环流中是比较合适的,至今也还在应用。不过,随着研究的深入,人们发现要准确地模拟特定区域内流体的瞬时性变化,需要构建一个能够包括流体表面自由运动的模型。

早期的这种表面模型是用一种显式事件前进格式的方程来进行求解工作。这种方法虽然简单,考虑因素也较少,但计算时间步长受表面重力波在两个相邻水平网格点之间传播的时间的严格限制,这种方式后续被称为兰德模式。兰德模式包含了非线性摩擦项和对流项、地球自转作用、水平剪切力、复杂地形,与水动力耦合的盐度传输模型、密度梯度和垂向紊动参数化过程。随着 sigma-o 垂向坐标变换分层方法在 3-D 分层处理上的改进,其良好的拟合复杂地形的效果及在模拟精度上的提高,使得其在三维水流的模拟中迅速发展。Larsen 利用数值模型模拟了废水排海工程中末端扩散器在不同压力作用下的水力特性,通过建立能量方程计入弯道和竖管喷头处的局部损失,在 T 形接头处,利用动量关系考虑竖管与放流管连接处的局部阻力损失。但是,他由于忽略了扩散器主管道与分支管道连接处的局部阻力损失,因此计算结果有一定偏差。在此基础上,Guo 等人在数学模型中通过引入动量关系式,将管道与分支管道连接处的局部阻力损失引入到模型中,完善了Larsen 的研究成果。模型中主要考虑了污水与海水分层的特点,对于海水与废水的流速用不同单位来进行定义,建立了海水楔,同时考虑了分层界面以上的流体以比平均流速快的流速流动(即 $U > V$),而下层海水楔流动较慢或静止,甚至向相反的方向流动两种情况,因此在计算水力特性时,特别纳入了一个断面流速修正参数,以反映海水楔的存在对密度输移的影响。该模型由于考虑了不同介质同时存在情况下扩散器内部的流动特性,并分不同情况进行考虑,因此计算结果更为合理,能够反映不同形态的水力特征,为计算废水离岸处置末端扩散器水力特性以及海水入侵与清除机制奠定了基础,也是后续开展该研究的主要参考模型。

在环境效应模拟方面,三维模型应用也较为广泛。模型机理越来越复杂,模拟状态变量越来越多。水质模型从包含简单环境因素的模型,发展到氮磷模型、富营养化模型、有毒物质模型和生态系统模型,体现了模型由简单到复杂、考虑因素由少到多、理论由单一到多元化的发展趋势。Fisher 等人结合前人的研究基础,对污染物紊动扩散、离散及输移的基本规律开展系统分析,在此基础上构建了不同的数学模型,模拟污水在海洋中的运动特性。并按照模拟区域大小、污水流动是否与射流有关等因素,将收纳水体进行远、近区定义,提出对于不同区域,由于污水与海水的混合状态不同,研究的方法与计算模型也应有所区别。Wright 等人通过研究发现,就废水离岸处置工程来讲,近区研究应考虑污水的初始动量、浮力、环境水体的分层情况以及水流的作用,模拟计算废水出流后的稀释扩散趋势。此外,Tsanis 等分别将二维水质模型与 GIS 技术相结合;Georg 等人将二维水动力模型与生态模型耦合,进行了复合模型研究。三维数值模拟技术发展至今,已经形成多种模型系统,例如 WASP、MIKE3、Deflt3D 等,这些模型都被广泛应用于浅海水域(特别是海湾及近岸海域)污水排放的水质预测和管理中,能够较为准确地体现废水经离岸处置后,在不同区域、不同潮流等条件下的三维扩散范围与运动趋势。近年来还出现了超标率模型、概率分析模型等,这些研究的开展以及模型的建立对于我国废水离岸处置工程中降低废水环境影响,提高工程运行效果的研究与具体设计工作提供了借鉴。

3.2.2 国内研究进展

国内对污水深海排放工程末端扩散器结构型式的研究起步较晚,尚缺乏系统性,但有其自身的特点,各项研究大都是结合实际工程而进行的,侧重点也各有不同。目前国内针对扩散器处置污水的研究主要采用的研究方法同样也包括理论研究、物理模型试验和数值模拟三种方式。

1. 理论研究

国内对于废水深海排放末端技术及废水出流后的流动特性机理研究,比较集中于计算方法与公式概念的研究上。多年来经过不同学者的总结,对于末端扩散器射流稀释扩散规律的研究,包括经验公式、量纲分析与模拟计算三种方法:经验公式法是利用长期现场观测数据与相关资料进行结合分析与数理统计,建立初始稀释度、扩散因子等参数与扩散器结构指标之间的关系;量纲分析法是通过量纲分析,得出影响污水排出后流动特性的无量纲量或特征尺度,再由实验给出这些基本变量的关系,确定关系常数,在许多情况下可提供半经验半理论的关系,有较为实用的优点;模拟计算是通过研究各类方程(浮射流连续性方程、动量方程、拉格朗日方程等),计算污水射流后的扩散效果,再利用掺混假设和经验估算的系数进行方程的求解。主要的求解方法包括:

(1)积分法

由连续性方程、动量方程和质量方程等,按照浮射流断面流速、浓度、密度分布函数(一般对于浮射流假设为高斯分布),假设卷吸系数为一常数,解出浮射流中各变量的空间分布,得出其稀释度变化规律。积分方法求解浮射流时,首先必须对断面上的流速分布、密度差分布等作相似的假定,但有可能与实际不符;其次卷吸系数显然不是常数,而是沿程变化的复杂函数;再则动量方程中还要考虑横流的绕流作用,绕流阻力系数也是难以确定的。

(2)微分法

直接从紊流偏微分方程出发,建立紊流数值模型,然后进行数值求解。可用的方法主要有 K-5 方程及代数应力方程等。微分方法的理论根据较充分,对边界条件的适应性强,可应用于各种边界约束的情况,并且可以进行动态模拟,确定动态的浓度场变化;但其计算较为复杂,直接应用尚有一定的难度。

目前,国内的流体和环境学者对废水离岸排放中的射流环境问题与水力计算问题的基础理论已开展了大量的研究工作,并取得了一些研究成果。但是这些研究成果还是将污水作为一个整体看待,对于扩散器结构中每根上升管布置多喷口情况下的废水扩散规律的研究还相对较少。例如《排海工程污染控制标准》所采用的计算初始稀释度公式中 q 为扩散器的单宽流量,没有考虑上升管布置多个喷口对污水稀释扩散效果的影响,也没有考虑到环境水流速度的影响。根据目前我国的污水离岸处置实际工程情况,大部分末端扩散器都在上升管布置多个喷口,主要是由于布置多喷口可以大量减少上升管数量,降低工程运行难度,还可以明显地提高污水的近区稀释扩散效果,特别是在我国近岸海域及水深条件相对一般的区域更加适用。

此外,国内还有一些学者从提高污水稀释度和防止海水入侵的角度开展了废水离岸处置工程的基础理论研究工作。宋强等人通过研究过渡区模拟方法,尝试将近区喷口射流模拟模型嵌入远区扩散模型,形成全场数学模型,更真实地反映污水排海的稀释变化,但后续相关研究较少,嵌入方法还有待深入研究。杨树森等鉴于排海工程应用中经常发生喷口淤埋导致排污不正常运行问题,通过建立泥沙数学模型选取地形稳定、冲刷变化小的排污口,为选取稳定安全的排污口提供了重要依据。同时,由于海水水环境质量是开展废水离岸处置工程所有工作的基础与基本约束条件,因此还有一些学者从水体环境的角度开展了相应的研究工作,包括了水环境中污染物分布特性、存在形态、累积与运移规律、水质影响因素以及相互作用诸多方面。国内学者还针对国外早期的研究成果进行了补充,例如通过研究发现,在存在上升管的扩散器系统内部,交界面的紊动掺混是清除海水的重要动力,Wilkinson 等人的理论偏于保守等。

在具体的废水离岸处置工程条件研究中,稀释度的计算理论研究较为广泛,开展也较早。大部分的研究结论表明,稀释度的确定应包括下述三个方面的内容。

第一,稀释度的确定必须能够保证近岸区域或涉及海洋保护区的位置能够达到预定的水质目标。

第二,稀释度应设计的足够高,这主要是因为稀释度如果较低,水面的污水场与海水之间会形成较为明显的密度分层,而且密度梯度较大。这种现象会组织污水与海水的充分混合,使得高浓度的污水场存在时间增加,引发污水场向需要保护水域运动的可能性。而随着稀释度加大,污水场在运动过程中,海水的运动就能够逐渐减小污水场与海水之间的交界面,保证污水场在较短的时间内消失,避免污水在海水表面长时间的集聚,降低污水带来的危害。

第三,在设定初始稀释度时,应该考虑排污口位置海水的垂向环流,避免污水场部分到达岸边后又随着洋流带回到水面。因此应根据海洋环流特点,向岸风、离岸风频率等要素确定稀释度。目前设计稀释度应为何种特征值目前尚未有统一的规定,有的国家或地区采用污水场最小稀释度作为设计初始稀释度特征值,而有的则采用污水场平均稀释度。实际上不同的海域环境条件和功能区要求对稀释度的要求是不同的,设计初始稀释度或设计标准都是针对所采用的特征值而提出的,为了减少污染羽流可能对周围保护目标的侵袭,不少国家和地区对初始稀释度都有最低限度的规定。例如:中国香港特别行政区规定水面污水场最小稀释度应不小于85,而美国旧金山污水排海工程设计规定在80%的事件里污水场平均稀释度应大于100,英国则规定大于50。为了不使排海工程废水对周围环境产生影响,必须通过理论计算优化扩散器设计参数以提高近区初始稀释度。徐高田等人通过研究提出,废水射流过程从喷口排出的水流以射流方式运动的整个阶段可以称之为初始稀释阶段,在这个过程中,污水受周边海流影响,与海洋水体不断进行掺混,污染物浓度随之降低,而污染物从喷出喷口到最终混合稳定时浓度降低的倍数是定义污水扩散效果最为直接的参数。影响这个参数的因素有很多,主要分为环境参数、废水自身参数以及扩散器结构形式参数三类:环境参数包括水深、环境流速、风速风向、波浪等;废水自身参数包括废水排放量、污染物浓度、废水前处理水平等;扩散器结构形式参数包括长度、管径、喷口角度等。这个理论在后续的研究中得到了广泛证实,也是目前国内排海工程研究的前提依据。

目前国内学者开展废水离岸处置末端技术的理论研究,主要采用先定性、后定量的方法,从单一的远区污染物输移扩散计算到综合近远区的全场模拟,甚至到考虑排污口安全稳定出发的泥沙冲淤研究,但是这些研究多是就某个方面的分析。后续研究人员还通过对区域功能符合性、海域稀释扩散、泥沙冲淤、生态环境影响、管道工程技术经济等多因素综合分析,选取了更加符合区域发展需求和环境安全要求的废水离岸处置工程理论基础。由此,综合考虑水动力、迁移轨迹、稀释扩散、泥沙冲淤、环境区域符合性、生态影响、工程经济性等,多个角度、多方面的因素分析方法是今后废水排海工程理论研究的趋势。

2. 试验研究

国内的试验研究主要是基于实际工程开展的,通过水槽、PIV等试验手段,分析废水出流的环境效应与水力特性,研究的对象主要为末端扩散器的结构参数。张光玉等人通过模型试验,全面研究扩散器的水平方位角、射流角度、长度、环境水深、射流速度等主要设计参数对污水近区稀释扩散的影响,为扩散器设计提供了技术支持和参考依据。通过研究得出,多孔扩散器深海排放的污水在近区的稀释扩散规律非常复杂,即使在排污条件和环境条件相同时也受到众多扩散器参数的综合影响,目前数学模型还难以解决,物理模型仍然是有效的研究手段。深海排放物理模型试验必须模拟污水和海水的密度差,满足模型表层稀释度相似所要求的临界喷孔雷诺数来进行。同时,对扩散器的水平方位角、射流角度、长度、环境水深等主要设计参数进行综合研究分析,对扩散器进行优化设计,使扩散器具有良好的稀释效果。黄菊文等以上海港白龙港污水排海工程为对象,针对不同工况开展了物模试验研究,在不同工况下进行了稀释度试验,试验过程反映污水随长江口涨落潮流向上游或下游稀释扩散,同时在不同的潮型下,稀释50倍、100倍等稀释度所包络的水域面积也不同。试验结果表明:模型设计正确,试验装置合理,潮汐控制先进,数据采集可靠,模型率定关键,此装置的开发对研究污水海洋处置稀释扩散具有重要作用。钟锋迪等人结合某经济开发区排海工程,以水槽试验资料为基础,运用数学模型和模型试验对动水、密度均匀的水流条件下,双喷口、异向射流的近区稀释扩散进行了研究。通过模型试验求出数学模型中的参数,探讨了环境流速、射流速度对近区初始稀释的影响,最后以物理模型的试验值校核数学模型。经过研究发现,对扩散器近区稀释度的计算只适用于环境流速较小的情况,从试验数据的拟合情况来看,当流速大于 0.2 m/s 时,误差已经很大,计算结果可作为初步设计扩散器的依据,否则必须进行物理模型试验,以确定模式中的参数,试验结果同时也表明,对上游羽流的分析计算是正确的。李莉等人以防城港海湾污水离岸处置工程为对象,建立了水平比例尺为 660、垂直比例尺为 100 的物理模型,通过模型试验观测潮流场、模拟污水扩散特性,研究了防城港海湾围填前后东西湾水体交换能力的变化以及污水扩散的影响。结果表明,东湾围填面积占东湾水域面积的24.6%,西湾围填面积占西湾水域面积的 9.5%,围填后整个防城港湾总纳潮量减少了 20%,海湾水交换能力有所降低,污水扩散范围和稀释度也有所变化。王敏等人以杭州市城市污水江心排放工程为例,采用物理模型,同时研究了污水江心底部排放的近区和远区污染浓度的时空分布,比较了不同排放管、扩散器长度、喷孔间距及不同污水规模条件下的浓度变化。这些成果也为污水处理厂的处理程度、工艺规模、建设步骤提供了可靠的依据。

除了环境效应与水力特性的研究,国内也有许多学者从防止海水入侵及管道淤积的角度开展了试验研究。同济大学的研究团队对于废水离岸处置工程的海水入侵与清除机制进行了研究,开展了物模试验分析。分析结果表明,对于不同形式的海水入侵,其清除机制是不同的:对于循环阻塞,清除临界密度佛汝德数随着竖管高度和喷口射流角度的增大而增大,随着竖管直径、竖管间距和扩散器倾角的增大而减小,海水盐度的增大会导致清除临界密度佛汝德数的增大,但变化幅度不大,波浪的作用能减小清除临界密度佛汝德数;对于海水楔阻塞,清除临界密度佛汝德数随着竖管高度、喷口射流角度和扩散器倾角的增大而增大,随着竖管直径的增大而减小,盐度和波浪对其影响不大。在以上的两种海水入侵型式中,喷口的淹没水深对入侵几乎不产生影响;当喷口为垂向射流时,海水流速对清除临界密度佛汝德数有一定的影响;当喷口为非垂向射流时,这种影响很小。建立在以上对流动过程和各种实际因素定性分析的基础上,很多研究者从改进扩散器系统自身结构型式的角度,对提高系统抗入侵能力和加速清除的工程措施进行探索研究。面对海水入侵的风险和防止入侵的理论研究,研究人员发现,除了限制喷口直径以满足出流密度佛汝德数外,还可以采取一定的工程措施,通过扩散器系统一些结构参数的改变来降低系统海水入侵的风险,也可提高在发生海水入侵后清除海水的能力。从降低海水入侵风险的方面来说,喷口的角度改变对于海水入侵与清除有一定影响,例如喷口采用孔口型式优于管嘴型式、出口方向向上优于水平,一般出口倾角(出口方向与水平方向的夹角)在 45°~90°范围内时效果较好。另外,扩散器上升管的高度也会产生一定影响,降低上升管高度,在工程情况允许的条件下采用不设上升管的管壁喷口型扩散器或增大竖管间距,都有利于入侵海水的清除。

除了对喷口采取这些优化设计措施能在一定程度上增强系统的抗入侵能力外,其他一些条件的改变也会影响海水入侵的发生,但是效果有限。当运行条件变化或者受波浪等其他不利因素影响时,海水入侵发生的可能性仍然很大。在辅助工程措施中,较为典型的是沿程减小管径或设置侧向收缩断面和安装鸭嘴阀。在出口处和放流管中设置侧向收缩断面,断面形状类似于文丘里管,因此简称文丘里断面。模型实验研究表明,放流管中的侧向收缩断面能有效抑制海水入侵向放流管上游发展,在很大程度上减缓了海水入侵的趋势。

在防止扩散器内部淤积的研究中,国内学者也开展了大量的研究。同济大学韦鹤平教授课题组于 20 世纪 90 年代也对海水入侵及冲洗规律进行了物理模型试验,提出了循环阻塞临界冲洗密度 Froude 数计算式的通用公式,在此基础上专门对泥沙入侵废水管道进行了浑水物理试验,提出泥沙入侵扩散器的影响因素,也论证了防止泥沙入侵临界条件。同时,该研究团队也进行了等截面扩散器泥沙淤积及冲淤规律物理模型试验研究。试验采用模型沙,利用浑水模型试验对上海合流一期工程竹园排放口等截面扩散器中的泥沙冲淤规律进行了模拟,认为在一定工况下,扩散管内从整体上会形成近似于"阶梯形"、沉积高度从小到大倾剩的泥沙床面,达到冲淤平衡。分析了小流量下,扩散器尾端会淤积严重,存在淤堵的可能,根据模型试验成果,提出对冲淤有利的改进措施。姜应和等人对扩散器管道的型式及不同的清淤手段进行了说明,提出清淤方案应结合扩散器本身结构型式而定,论述了 6 种具体的清淤方法,提出除水力清淤方法外,其他的方法均需要临时改变扩散器结构型式,并在设计过程中,提出了具体的保证清淤的辅助手段,具有较高的操作价值。同济大学刘成等人,结合实际工程,利用流体力学计算方法、泥沙运动学规律以及物理模型试验手段,对等截面条件下扩散器系统内部的泥沙运动规律进行了研究,着重分析了泥沙淤积的特性及影响因素。通过试验发现,在扩散器排放未经处理或处理不达标污水时,发生淤积的概率增大,扩散器内部有可能形成沿程递增的淤床。在正常排放废水情况下,这种淤床影响不大;但当废水排放量较小时,淤床高度则会对上升管的正常废水排放产生影响。同时,根据试验数据,结合国外的研究成果,对国外某废水排海工程的管道泥沙运动也进行了分析;最后结合上海的污水排放具体工程,提出了管道泥沙运动方程,对于防止管道内产生淤积现象提供了具体的解决措施。这些研究既是对废水离岸处置工程的补充,也能为具体工程提供设计依据,为本书研究工作开拓了研究思路。

3. 数值模拟

中国利用数值模拟技术开展废水离岸处置工程的研究对象较为广泛,一般是针对离岸处置工程前期的排污口位置选划、废水出流环境效应、工程水力特性、末端扩散器结构优化、海水入侵以及清除能力等方面进行数值模拟计算。目前已形成大量的研究成果。

赵俊杰等人以南通洋口港污水离岸处置工程为例,采用 MIKE 软件,建立潮流模型和水动力模型模拟分析污染物(COD)的稀释扩散浓度分布并综合考虑工程施工和经济性等因素,对工程排污口的位置进行了确定,为整体工程设计奠定了基础。研究发现,利用数值模拟开展排污口选划还存在一定问题:一是排污口选划多以海域水动力条件和稀释扩散预测为主,这些工作可以利用数值模拟进行分析,在实际运行中污水射流效果以及环境影响还与周边生态敏感区等区域规划、工程冲刷稳定和运行投资密切相关,这部分工作数值模拟无法体现,应在数值模拟结果基础上综合加以考虑;二是以往的选划工作多以物理过程模拟为主,而实际中污水排放经过几个潮周后已经被完全稀释扩散,此后的生物作用显得更为重要,物理模型无法体现这种效应,因此应利用数值模拟技术构建生态模型,分析污水对水域生物造成的影响,并重点分析长期排污可能产生的生物累积效应;三是根据目前的废水离岸处置工程要求,现有深海排放限制指标要求少,只对初始稀释度、混合区面积、水深做了简单的要求,与实际深海排放工程有较大差别,急需结合污水的排放量和类别制定相应的规范和标准,指导离岸深海排放工程的健康发展。耿文泽以海口市污水深海排放工程为研究对象,通过现场监测结合数值模拟的方法,研究了在不同区域设置废水排放口的污水射流环境效果,论证了该工程的可行性。李红卫采用相关数学模型,选择 COD 和氨氮为预测因子,预测了允许纳污能力和污染物排放量以及污染物浓度沿程变化和对下游河段的影响范围。通过分析远东国际城项目入河排污口排污对水功能区水质的影响、对生态的影响、对地下水水质的影响以及对第三者的影响,论证排污口设置合理性,并提出合理性建议。赵可胜等人以石岛湾为对象,以拉格朗日理论为基础建立数学模型,对在该海域设立的废水海域排放口的质点运动规律进行了分析,选取不同的排放口位置,研究各区域污染物的迁移规律。通过研究发现,张家村河口属于水交换活跃区,物理自净能力较强,作为排污口是适宜的。草岛附近海域输运能力较差,所排污水可能会影响海水浴场水质,建议草岛附近不设排污口。港区内含油污水正常情况下不会流至后港养殖区,也不会流至海水浴场,故对上述二区域影响不大,研究结论为深海排放工程提供了实施依据。

除排污口选划研究外,数值模拟技术还被大量运用于分析废水环境与水力效应和扩散器结构参数关系的研究中,用以优化整体废水离岸处置工程的结构型式。Wang 等人采用 DPIV 和 PLIF 技术进行了扩散器周边区域的浓度场测量分析,得到了浮射流的稀释度,在此基础上利用数值模拟方法分析了稀释度与扩散器长度的关系,为浮射流研究提供了重要的研究手段。Tian 等通过建立扩散器物理模型,采用 3DLIF 技术手段分析了扩散器污水密度均匀流、密度分层流入海域后的污染物稀释扩散图像,并通过图像数据处理取得了稀释度,将物模模型试验结果与数值模拟计算结果进行了对比,完善了物理模型技术与数值模拟计算公式,他们提出的计算方法成为了近区扩散器射流研究的重要方法。Lai 等人采用水槽试验和VISJET 数值模型对新型的玫瑰型扩散器的射流扩散稀释特性进行了研究,研究了 T 型、L 型等不同扩散器的结构型式对扩散效果的影响。高柱采用 FLUENT 软件建立的同向流动环境中的椭圆射流数学模型和 LDV 技术量测射流速度场的方法,对扩散器排海浮射流进行了研究和验证。肖洋除了采用 FLUENT 数模和 LDV 技术,还采用 PIV 测速技术对射流进行了研究,对横向流动条件下多孔水平动量射流的浓度场、速度场、涡量场和压强场的特性进行了较为全面的研究。徐高田等人以嘉兴市污水海洋处置工程为例,对污水海洋处置工程末端扩散器的长度进行了数值模拟计算。为了能满足设计初始稀释度并降低工程费用,结合嘉兴市污水海洋处置工程,利用 Jetlag3 模型确定了其扩散器长度。通过分析结果可以看出,八团(0—1500)扩散器长度取 200～250 m,场前(0+000)和场前(0—1400)扩散器长度取 250～300 m,能满足近区初始稀释度的要求。这种方法比较简单,使用起来比较方便,在扩散器初步设计中应用较多。白景峰等人采用 FLUNENT 软件建立扩散器管道水力模型,对天津的污水排海工程进行了实例计算,并通过数值模型进行扩散器水力结构方案比选,能有效减少物理模型的试验方案。在此基础上,通过建立扩散器管道水力物理模型,采用体积流量测量法和测压管法分别得到了喷口的流量,计算得到了扩散器的阻力系数和管道流速,发现数值模拟和物理模拟的误差为 1%～5%,进一步验证细化了数值模拟结果,说明数模和物理模型相结合的方法可有效地用于扩散器结构优化。陶建华等人应用水动力学、水质数学模型,以渤海湾海岸带的几种典型开发活动,分析了人类活动对海岸线的影响,计算了在近岸排放情况下不同污水排放方式、不同排放区域以及不同污水射流等条件下的近岸流场水动力变化情况以及污水的稀释扩散效果,同时利用遗传算法,以渤海湾的水质实测数据为条件,计算了不同污染物对于海洋水体的影响程度,在此基础上还分析了河口建闸后蓄积的污水排放方式对河口及近岸海域造成的影响。这些研究工作不仅为分析渤海湾区域的离岸排放工作提供了便利条件,优化了污水海洋扩散模拟的数据模型与方法,也为我国深海排放工程的整体研究提供了理论依据。

目前在很多污水深海排放工程中,末端污水扩散器都采用底端连接污水主管道的方式,这种方式虽然存在工程费用较大、施工难度有所增加的问题,但是能够降低海水入侵的风险,有利于扩散器内部海水的清除。在这方面的研究中,传统的经验公式无法预测海水清除的临界条件,对于研究海水清除的全过程及底管连接方式的扩散器海水入侵过程存在较大难度。为了解决这一问题,郭振仁等人建立了适合于底管连接方式扩散器的数值计算模型,并研究了不同海水清除方法的区别,对于后续开展扩散器海水清除能力的研究具有重要的意义。钱达仁等研究了波浪对管道出流的影响,发现小流量时管道出流明显受波浪影响,极易发生海水入侵,应引起后续研究的重视。综上可见,海水泥沙入侵扩散器的主要因素是密度差大和波浪变化,防止措施主要是通过优化喷口参数增大傅汝德数来防止扩散器入侵,同时喷口采用安装鸭嘴阀也能较好的解决扩散器入侵问题。刘成、何耘等人研究了上海污水治理工程中扩散器放流管的泥沙冲淤规律,利用二维数值模拟的手段,分析了喷口射流对外界环境中泥沙的影响规律,根据研究结论提出了扩散器上升管与喷口角度的设计理论。这些研究工作丰富和完善了扩散器数值模拟计算的方法与内容,部分研究成果已经成为目前废水离岸处置工程设计中的重要参考依据,能够实际降低污水对于海洋的环境影响,也为本研究的开展提供了理论指导。

3.3 研究进展小结

通过对国内外废水离岸处置工程研究现状分析可以看出,目前对于废水离岸处置的研究方法主要包括基础理论、物模试验以及数值模拟三种技术手段。在这三方面,国内外学者已经取得了大量的研究成果,也总结了各自的优缺点和适用性,通过分析发现,这三种技术手段都存在着各自的局限性,单一用某一种方法开展研究都存在困难,主要体现在以下几个方面。

1. 基础理论研究现状评价

废水离岸排放是一个相对较为复杂的工程,废水出流的环境效果与水力特性受多种因素的影响,因此若想开展完整的基础理论分析存在较多困难。这是因为现有的机理研究大多是建立在简化模型和一些假设条件基础之上的,因此无法对动态水流的局部特性开展详细的分析。对于废水离岸处置工程,目前的理论研究仅限于控制一些假设条件,在简化模型的基础上针对结构型式较为简单的工程进行预测和计算,分析其一些影响因素和控制条件,研究的结论也是扩散器长度、工程管径等一些简单的工程参数。这些理论研究在离岸处置工程早期较为适用,可缩短工程的设计工作量;但是在工程后期对局部参数进行详细分析时则应用不大,无法设计局部参数,局限性较为明显。

(1)在机理研究进行推导中,大部分计算公式都对排海工程特别适合末端扩散器的结构型式进行了大量简化,例如假定扩散器不具备上升管、喷口构造基本一致、扩散器系统内部的沿程损失不变等等。这些假定与实际工程往往存在很大差别,因此从扩散器的结构型式上就不能分析废水出流效果与结构参数的关系,得出的计算结果存在一定误差。

(2)基础理论研究与计算主要是针对整体工程的分析,但是由于废水离岸处置工程涉及内容较多,既存在路上管道部分,也存在海底管道排放区域,多种因素都会影响到工程的排放效果,而这些因素的具体影响不会在基础理论计算中有所体现。

(3)基础理论计算所需要的一些假定条件和计算系数,往往是在没有实测数据或实验结果的情况下,通过经验给出的;但是对于废水离岸排放中的一些特定情况,比如发生海水入侵后复杂的非恒定多相流情况下,其阻力特性与恒定流条件下的单相流阻力特性可能不一致,基础理论计算方法往往会产生计算上的误差,不能反映特殊情况的排海特性。

（4）理论计算中很多关键的控制流动的微观过程,如分层、掺混等,在这些预测公式中都未作考虑。

2. 物模试验技术研究现状评价

由于理论分析对于废水离岸处置工程存在计算困难,因此利用物理模型方法分析废水射流水力特性与环境效应被作为一种重要手段。这主要是由于污水深海排放的工程体系主要存在于海洋底部,无法开展现场试验工作,因此研究人员更多的是在实验室里进行物理模拟,对废水的环境效应与工程的水力特性进行定性的局部观测,对各种影响因素进行分析,并且针对不同工程,可以通过制作不同的物理模型寻求结构和运行管理优化措施,这种方法为废水离岸处置研究提供了可操作性较强的研究手段。但是物理模型方法也存在一些局限性,例如模型相似律较为复杂,模型变形的影响和缩尺效应也不甚明确;同时,海洋底部的实际情况在实验室内也很难全面模拟出来,涉及的环境因素不能完全包括实际现场因素,因此无法将物模试验结果全部作为原型设计的依据,试验准确性也有待进一步探讨;加之实验条件难以控制以及量测手段的限制,这些都将影响到实验结果的可靠性。同时,目前大部分物模试验还集中于废水的环境效应研究,对于废水离岸处置工程末端扩散器的水力特性,利用物模试验进行研究还相对较少。因此通过物模试验研究废水离岸处置系统内的流场分布及发展过程得到清晰的认识仍受到一定限制,试图得出各种影响因素对流动过程影响的可靠的定量关系也存在一定困难。

3. 数值模拟技术研究现状评价

综合国内外研究成果来看,数值模拟方法可以克服理论分析和实验研究中存在的一些局限性,随着计算机技术及计算技术尤其是并行计算技术的发展,这种方法将具有广阔的前景。但这也是从理论上来说,实际操作过程中在网格设置、参数选取等方面由于人为设置的不同,计算结果也存在较大差异。目前对于废水离岸处置工程而言,利用数值模拟计算,包括二维、三维等数学模型分析整体工程及末端扩散器的研究开展较为广泛,研究的对象也集中于废水射流环境效果与工程水力特性两方面。目前来看,研究趋势主要向两个方面发展,首先由于三维模型能够更全面地反映废水流动特点,三维数值模拟已经逐渐取代二维模型成为数值模拟的主要方式;其次,随着海水入侵等问题的产生,利用数值模拟技术分析多相流的运动规律也越来越受到学者的重视。

综上所述可以看出,目前国外对于污水排海整体工程以及工程末端扩散器的研究已进行了许多工作,取得了不少研究成果,但还存在着物模试验精确度不高、观测难度大、数值模拟结果难以为实际工程提供支撑等问题。基于以上原因,本论著中采用数值模拟与物理模型试验相结合的手段,开展污水排海工程处置末端扩散器的设计,为扩散器结构型式优化、污水排海工程高效运行提供技术支撑,达到保护海洋环境、节约工程成本、指导工程前端设计的目的。

第4章 扩散器结构参数设计的政策与方法

4.1 污水深海排放的政策法规

1.《中华人民共和国环境保护法》(1989年12月26日)

第二十一条：国务院和沿海地方各级人民政府应当加强对海洋环境的保护。向海洋排放污染物、倾倒废弃物，进行海岸工程建设和海洋石油勘探开发，必须依照法律的规定，防止对海洋环境的污染损害。

2.《中华人民共和国海洋环境保护法》(2013年12月28日)

第十二条：对超过污染物排放标准的，或者在规定的期限内未完成污染物排放削减任务的，或者造成海洋环境严重污染损害的，应当限期治理。

第二十九条：向海域排放陆源污染物，必须严格执行国家或者地方规定的标准和有关规定。

第三十条：入海排污口位置的选择，应当根据海洋功能区划、海水动力条件和有关规定，经科学论证后，报设区的市级以上人民政府环境保护行政主管部门审查批准。

环境保护行政主管部门在批准设置入海排污口之前，必须征求海洋、海事、渔业行政主管部门和军队环境保护部门的意见。

在海洋自然保护区、重要渔业水域、海滨风景名胜区和其他需要特别保护的区域，不得新建排污口。

在有条件的地区，应当将排污口深海设置，实行离岸排放。设置陆源污染物深海离岸排放排污口，应当根据海洋功能区划、海水动力条件和海底工程设施的有关情况确定，具体办法由国务院规定。

第三十二条：排放陆源污染物的单位，必须向环境保护行政主管部门申报拥有的陆源污染物排放设施、处理设施和在正常作业条件下排放陆源污染物的种类、数量和浓度，并提供防治海洋环境污染方面的有关技术和资料。

排放陆源污染物的种类、数量和浓度有重大改变的，必须及时申报。

拆除或者闲置陆源污染物处理设施的，必须事先征得环境保护行政主管部门的同意。

3.《中国 21 世纪议程》(1994 年)

"控制陆地污染,实施对陆源污染物总量控制;确定沿海排污口和可接受的排放水平,对陆源污染物实行总量控制,采用污水处理设施;排入河流、港湾和海洋的城市污水,至少采用一级处理或适合特定地点的其他方法;消除和减少有可能在海洋环境中富集到危险水平的有机卤化物和其他有机化合物以及引起沿海水域富营养化或赤潮的氮磷污染物的排放,防止、减少和控制海洋生态环境的退化和长期的不利影响,维持海洋生态平衡和海洋资源的永续利用;要依据全国海洋功能区划、海洋开发计划,对海洋资源合理开发,实施科学、综合的管理手段。"

4.《中华人民共和国防治陆源污染物污染损害海洋环境管理条例》(1990 年)

第五条:任何单位和个人向海域排放陆源污染物,必须执行国家和地方发布的污染物排放标准和有关规定。

第六条:任何单位和个人向海域排放陆源污染物,必须向其所在地环境保护行政主管部门申报登记拥有的污染物排放设施、处理设施和在正常作业条件下排放污染物的种类、数量和浓度,提供防治陆源污染物污染损害海洋环境的资料,并将上述事项和资料抄送海洋行政主管部门。排放污染物的种类、数量和浓度有重大改变或者拆除、闲置污染物处理设施的,应当征得所在地环境保护行政主管部门同意并经原审批部门批准。

第八条:任何单位和个人,不得在海洋特别保护区、海上自然保护区、海滨风景游览区、盐场保护区、海水浴场、重要渔业水域和其他需要特殊保护的区域内兴建排污口。对在前款区域内已建的排污口,排放污染物超过国家和地方排放标准的,限期治理。

第十五条:禁止向海域排放油类、酸液、碱液和毒液。向海域排放含油废水、含有害重金属废水和其他工业废水,必须经过处理,符合国家和地方规定的排放标准和有关规定。处理后的残渣不得弃置入海。

第十八条:向自净能力较差的海域排放含有机物和营养物质的工业废水和生活废水,应当控制排放量;排污口应当设置在海水交换良好处,并采用合理的排放方式,防止海水富营养化。

4.2 有关水质及排放标准

1. 海水水质标准(GB 3097-1997)

按照海域的不同使用功能和保护目标,海水水质分为四类(表 4.2-1):

第一类 适用于海洋渔业水域、海上自然保护区和珍稀濒危海洋生物保护区;

第二类 适用于水产养殖区、海水浴场、人体直接接触海水的海上运动或娱乐区以及与人类食用直接有关的工业用水区；

第三类　适用于一般工业用水区、滨海风景旅游区；

第四类　适用于海洋港口水域、海洋开发作业区。

表 4.2-1　海水水质标准值（mg/L）

序号	项目	一	二	三	四
1	pH	7.8～8.5		6.8～8.8	
2	溶解氧≥	6	5	4	3
3	悬浮物质	人为增加的量 ≤10		人为增加的量 ≤100	人为增加的量 ≤150
4	COD$_{Mn}$≤	2	3	4	5
5	*DIN≤	0.20	0.30	0.40	0.50
6	活性磷酸盐≤	0.015	0.030		0.045
7	油类≤	0.05		0.30	0.50
8	汞≤	0.00005	0.0002		0.0005
9	铜≤	0.005	0.010	0.050	
10	铅≤	0.001	0.005	0.010	0.050
11	镉≤	0.001	0.005	0.010	
12	铬≤	0.05	0.10	0.20	0.50
13	砷≤	0.020	0.030	0.050	
14	锌≤	0.020	0.050	0.10	0.50

注：* DIN 为硝酸盐-氮、亚硝酸盐-氮和氨-氮之和。

2. 城镇污水处理厂污染物排放标准（GB 18918-2002）

根据城镇污水处理厂排入地表水域环境功能和保护目标以及污水处理厂的处理工艺，将基本控制项目的常规污染物标准值分为一级标准、二级标准、三级标准。一级标准又分为 A 标准和 B 标准。一类重金属污染物和选择控制项目不分级。

一级标准的 A 标准是城镇污水处理厂出水作为回用水的基本要求。当污水处理厂出水引入稀释能力较小的河湖作为城镇景观用水和一般回用水等用途时，执行一级标准的 A 标准。

城镇污水处理厂出水排入国家和省确定的重点流域及湖泊、水库等封闭、半封闭水域时，执行一级标准的 A 标准，排入 GB 3838 地表水Ⅲ类功能水域（划定的饮用水源保护区和游泳区除外）、GB 3097 海水二类功能水域时，执行一级标准的 B 标准。

城镇污水处理厂出水排入 GB 3838 地表水Ⅳ、Ⅴ类功能水域或 GB 3097 海水三、四类功能海域，执行二级标准。

非重点控制流域和非水源保护区的建制镇的污水处理厂，根据当地经济条件和水污染控制要求，采用一级强化处理工艺时，执行三级标准。但必须预留二级处理设施的位置，分期达到二级标准（表 4.2-2）。

表 4.2-2　城镇污水处理厂排放各级标准（日均值）（mg/L）

序号	基本控制项目		一级标准		二级标准	三级标准
			A 标准	B 标准		
1	化学需氧量（COD）		50	60	100	120①
2	生化需氧量（BOD）		10	20	30	60①
3	悬浮物（SS）		10	20	30	50
4	动植物油		1	3	5	20
5	石油类		1	3	5	15
6	阴离子表面活性剂		0.5	1	2	5
7	总氮（以 N 计）		15	20	—	—
8	氨氮（以 N 计）②		5（8）	8（15）	25（30）	—
9	总磷	2005 年 12 月 31 日前建设的	1	1.5	3	5
		2006 年 1 月 1 日起建设的	0.5	1	3	5
10	色度（稀释倍数）		30	30	40	50
11	pH		6～9			
12	粪大肠菌群数/（个/L）		10^3	10^4	10^4	—

注：① 下列情况下按去除率指标执行：当进水 COD 大于 350 mg/L 时，去除率应大于 60%；BOD 大于 160 mg/L 时，去除率应大于 50%。

② 括号外数值为水温＞120℃ 时的控制指标，括号内数值为水温≤120℃ 时的控制指标。

3. 污水海洋处置工程污染控制标准（GB 18486-2001）

（1）定义

① 污水扩散器。沿着管道轴线设置多个出水口，使污水从水下分散排出的设施称为污水扩散器，其形状有直线型、L 型和 Y 型等。

② 放流管。由陆上污水处理设施将污水送至扩散器的管道或隧道称为放流管，大型放流管一般在岸边设有竖井。

③ 污水海洋处置。放流管加污水扩散器合成为污水放流系统，将污水由陆上设施经放流系统从水下排入海洋称为污水海洋处置。

④ 初始稀释度。污水由扩散器排出后，在出口动量和浮力作用下与环境水体混合并被稀释，在出口动量和浮力作用基本完结时污水被稀释的倍数。

⑤ 混合区。污水自扩散器连续排出，各个瞬时造成附近水域污染物浓度超过该水域水质目标限值的平面范围的叠加（亦即包络）称为混合区。

⑥ 污染物日允许排放量。指本标准涉及的每种污染物通过污水海洋处置工程的日允许排放总量。

（2）主要污染物浓度排放限值

为减小排海工程对海域生态系统的不良影响，污水海洋处置工程的最大排放浓度必须小于《污水海洋处置工程污染控制标准》（GB 18486-2001）允许的最大排放浓度（表 4.2-3）。

表 4.2-3　污水海洋处置工程主要水污染物排放浓度限值

序号	污染物项目		标准值/(mg/L)
1	pH(单位)	≤	6.0～9.0
2	悬浮物(SS)	≤	200
3	总 α 放射性/(Bq/L)	≤	1
4	总 β 放射性/(Bq/L)	≤	10
5	大肠菌群/(个/mL)	≤	100
6	粪大肠菌群/(个/mL)	≤	20
7	生化需氧量 BOD_5	≤	150
8	化学需氧量(CODCr)	≤	300
9	石油类	≤	12
10	动植物类	≤	70
11	挥发性酚	≤	1.0
12	总氰化物	≤	0.5
13	硫化物	≤	1.0
14	氟化物	≤	15
15	总氮	≤	40
16	无机氮	≤	30
17	氨氮	≤	25
18	总磷	≤	8.0
19	总铜	≤	1.0
20	总锌	≤	5.0
21	总有机碳(TCO)	≤	120
22	苯并(a)芘/(μg/L)	≤	0.03
23	有机磷农药	≤	0.5
24	苯系物	≤	2.5
25	氯系物	≤	2.0
26	甲醛	≤	2.0
27	苯胺类	≤	3.0
28	硝基苯类	≤	4.0
29	丙烯腈	≤	4.0
30	阴离子表面活性剂	≤	10

（3）初始稀释度的规定

污水深海排放排污口的选取和放流系统的设计应使其初始稀释度在一年90％的时间保证率下满足表 4.2-4 规定的初始稀释度要求。

表 4.2-4 90％时间保证率下初始稀释度要求

排放水域	海 域	
水质类别	第三类	第四类
初始稀释度	45	35

（4）混合区的规定

混合区,即环境管理中认可的允许超标区。混合区允许范围的规定,涉及水环境的功能区划、水流条件、生物状况及排污条件等诸多复杂因素。在《污水海洋处置工程污染控制标准》(GB 18486-2001)中对污水海洋处置工程污染物的混合区规定如下：

① 若污水排往开敞海域或面积≥600 km²(以理论深度基准面为准)的海湾及广阔河口,允许混合区范围：

$$A_a \leqslant 3.0\,\text{km}^2$$

② 若污水排往＜600 km² 的海湾,混合区面积必须小于按以下两种方法计算所得允许值(A_a)中的小者(m²)：

$$A_a = 2400 \times (L + 200)$$

式中,L 为扩散器长度(m)。

$$A_a = \frac{A_o}{200} \times 10^6$$

式中,A_o 为计算至湾口位置的海湾面积(m²)。

对于重点海域和敏感海域,划定污水海洋处置工程污染物的混合区时还需要考虑排放点所在海域的水流交换条件、海洋水生生态等。

4.3 研究方法与设计参数

4.3.1 现有研究方法

在现有的污水深海排放工程中,放流管设计已经相对成熟,但末端扩散器由于是具有多孔装置的特殊结构,其结构型式受污水排水量、初始稀释度、排放口水深条件等参数影响较大,因此目前在工程设计中对于扩散器的结构型式还没有统一的方法与标准。目前大多数工作人员采用经验公式计算结合数值模拟的方法确定扩散器的结构型式,这种思路的特点主要有：

（1）计算过程简便。采用经验公式计算扩散器的主要参数直观、简便,且计算过程较短,需要数据量较少,可以在较短时间内确定扩散器主要结构参数的范围,能够为后续计算工作减少计算量。

（2）数值模拟方法能够在大区域范围内判断设计的扩散器结构型式能否满足

污水的环保效果与水力特性,且计算条件容易获得,可操作性强;其缺点是在数值模拟中难以反映出一些微观的参数变化。

4.3.2 扩散器参数设计方法

目前对于扩散器的结构设计,是从污水出流的环保效果与扩散器的水力特性两个方面进行计算及参数确定。其中污水出流的环保效果按照排污口位置分为近区及远区扩散效果;水力特性则是从扩散器结构参数的水力保障方面确定局部参数。本书中采用的研究方法是:首先采用经验公式计算;再利用数值模拟与物模试验相结合,其中数值模拟工作是确定大区域的工程环保效果及整体水力特性计算;在此基础上利用物模试验的方式分析小区域的污水射流环保效果及扩散器局部水力特性及水力损失,计算过程如图 4.3-1 所示。

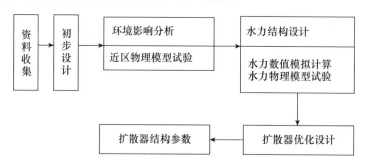

图 4.3-1 扩散器结构设计研究过程

4.3.3 设计参数

由于扩散器装置由主管、上升管、喷口组成。其中主管道长度、管径与工程水力特性具有直接关系,上升管数量及间距、喷口射流角度与污水出流环境效应影响密切,因此主要对扩散器的长度、主管道管径、上升管数量及间距、喷口射流角度进行模拟计算,并在工程实例中按照各工程的不同特点对扩散器管道变径、喷口封闭方案进行分析。其他参数,如上升管高度、喷口面积等在本书中不作研究。

第5章　扩散器环境效应数值模拟

潮流是污染物在海水中输移扩散的驱动力。由污染源排入到海洋环境中的污染物,在与海水混合之后,其输移扩散的分布及范围主要受海域的水动力状况的影响,其中海流是海水自净过程中最主要的动力因素。通过对污水深海排放海域潮流数值模拟,预测扩散器排放的污水中污染物质对水环境的影响程度,从污染物与海水充分混合的角度来分析扩散器排污的可行性,说明采用污水深海排放的水环境质量的改善程度。

5.1　研　究　方　法

目前研究污染物迁移转化应用最多的理论基础为拉格朗日方程。拉格朗日粒子追踪模型是求解一个非线性系统的常微分方程:

$$\frac{\mathrm{d}\boldsymbol{x}}{\mathrm{d}t} = \boldsymbol{v}(\boldsymbol{x}(t), t)$$

其中,$\boldsymbol{x}$ 是粒子在 t 时刻的位置;$\dfrac{\mathrm{d}\boldsymbol{x}}{\mathrm{d}t}$ 是粒子位置迁移率;$\boldsymbol{v}(\boldsymbol{x}(t), t)$ 是三维速度场。

目前,有多种方法能够求解这种非线性耦合常微分方程组,例如随机游动法和显式的 Runge-Kutta 多步方法。离散公式为

$$\boldsymbol{x}(t) = \boldsymbol{x}(t_n) + \int_{t_n}^{t} \boldsymbol{v}(\boldsymbol{x}(t), \tau)\mathrm{d}\tau$$

假设 $\boldsymbol{x}_n(t) = \boldsymbol{x}(t_n)$ 是粒子在 $t = t_n$ 时刻的位置,则经过 $t = t_{n+1}(= t_n + \Delta t)$ 时刻,粒子新的位置 $\boldsymbol{x}_{n+1} = \boldsymbol{x}(t_{n+1})$ 能通过 4 阶 Runge-Kutta 法求解,如下:

$$\boldsymbol{\xi}_1 = \boldsymbol{x}_n$$

$$\boldsymbol{\xi}_2 = \boldsymbol{x}_n + \frac{1}{2}\Delta t \boldsymbol{v}(\boldsymbol{\xi}_1)$$

$$\boldsymbol{\xi}_3 = \boldsymbol{x}_n + \frac{1}{2}\Delta t \boldsymbol{v}(\boldsymbol{\xi}_2)$$

$$\boldsymbol{\xi}_4 = \boldsymbol{x}_n + \frac{1}{2}\Delta t \boldsymbol{v}(\boldsymbol{\xi}_3)$$

$$\boldsymbol{x}_{n+1} = \boldsymbol{x}_n + \Delta t \left(\frac{\boldsymbol{v}(\boldsymbol{\xi}_1)}{6} + \frac{\boldsymbol{v}(\boldsymbol{\xi}_2)}{3} + \frac{\boldsymbol{v}(\boldsymbol{\xi}_3)}{3} + \frac{\boldsymbol{v}(\boldsymbol{\xi}_4)}{6} \right)$$

对于三维情况:

$$\frac{\mathrm{d}x}{\mathrm{d}t}=u,\ \frac{\mathrm{d}y}{\mathrm{d}t}=v,\ \frac{\mathrm{d}\sigma}{\mathrm{d}t}=\frac{\bar{\omega}}{H+\zeta}$$

其中,
$$\bar{\omega}=w-(2+\sigma)\frac{\mathrm{d}\zeta}{\mathrm{d}t}-\sigma\frac{\mathrm{d}H}{\mathrm{d}t}$$

通过 4 阶 Runge-Kutta 法求解,如下:

$$\begin{cases}\xi_1=x_n\\\eta_1=y_n\\\gamma_1=\sigma_n\end{cases}$$

$$\begin{cases}\xi_2=x_n+\frac{1}{2}\Delta t u(\xi_1,\eta_1,\gamma_1)\\[2mm]\eta_2=y_n+\frac{1}{2}\Delta t v(\xi_1,\eta_1,\gamma_1)\\[2mm]\gamma_2=\sigma_n+\frac{1}{2}\Delta t\bar{\omega}(\xi_1,\eta_1,\gamma_1)\end{cases}$$

$$\begin{cases}\xi_3=x_n+\frac{1}{2}\Delta t u(\xi_2,\eta_2,\gamma_2)\\[2mm]\eta_3=y_n+\frac{1}{2}\Delta t v(\xi_2,\eta_2,\gamma_2)\\[2mm]\gamma_3=\sigma_n+\frac{1}{2}\Delta t\bar{\omega}(\xi_2,\eta_2,\gamma_2)\end{cases}$$

$$\begin{cases}\xi_4=x_n+\Delta t u(\xi_3,\eta_3,\gamma_3)\\\eta_4=y_n+\Delta t v(\xi_3,\eta_3,\gamma_3)\\\gamma_4=\sigma_n+\Delta t\bar{\omega}(\xi_3,\eta_3,\gamma_3)\end{cases}$$

$$\begin{cases}x_{n+1}=x_n+\Delta t\left[\frac{u(\xi_1,\eta_1,\gamma_1)}{6}+\frac{u(\xi_2,\eta_2,\gamma_2)}{3}+\frac{u(\xi_3,\eta_3,\gamma_3)}{3}+\frac{u(\xi_4,\eta_4,\gamma_4)}{6}\right]\\[3mm]y_{n+1}=y_n+\Delta t\left[\frac{v(\xi_1,\eta_1,\gamma_1)}{6}+\frac{v(\xi_2,\eta_2,\gamma_2)}{3}+\frac{v(\xi_3,\eta_3,\gamma_3)}{3}+\frac{v(\xi_4,\eta_4,\gamma_4)}{6}\right]\\[3mm]\sigma_{n+1}=\sigma_n+\Delta t\left[\frac{\bar{\omega}(\xi_1,\eta_1,\gamma_1)}{6}+\frac{\bar{\omega}(\xi_2,\eta_2,\gamma_2)}{3}+\frac{\bar{\omega}(\xi_3,\eta_3,\gamma_3)}{3}+\frac{\bar{\omega}(\xi_4,\eta_4,\gamma_4)}{6}\right]\end{cases}$$

5.2 计 算 步 骤

5.2.1 模型建立

1. 水动力学模型

潮流动力学方程组由下述方程构成。

（1）连续性方程

$$\frac{\partial DU}{\partial x}+\frac{\partial DV}{\partial y}+\frac{\partial \omega}{\partial \sigma}+\frac{\partial \eta}{\partial t}=0 \qquad\qquad ①$$

（2）动量方程

$$\frac{\partial UD}{\partial t} + \frac{\partial U^2 D}{\partial x} + \frac{\partial UVD}{\partial y} + \frac{\partial U\omega}{\partial \sigma} - fVD + gD\frac{\partial \eta}{\partial x}$$

$$= \frac{\partial}{\partial \sigma}\left[\frac{K_M}{D}\frac{\partial U}{\partial \sigma}\right] + \frac{\partial}{\partial x}\left[2A_M D\frac{\partial U}{\partial x}\right] + \frac{\partial}{\partial y}\left[A_M D\left(\frac{\partial U}{\partial y} + \frac{\partial V}{\partial x}\right)\right] \quad ②$$

$$\frac{\partial VD}{\partial t} + \frac{\partial UVD}{\partial x} + \frac{\partial V^2 D}{\partial y} + \frac{\partial V\omega}{\partial \sigma} + fUD + gD\frac{\partial \eta}{\partial y}$$

$$= \frac{\partial}{\partial \sigma}\left[\frac{K_M}{D}\frac{\partial V}{\partial \sigma}\right] + \frac{\partial}{\partial y}\left(2A_M D\frac{\partial V}{\partial y}\right) + \frac{\partial}{\partial x}\left[A_M D\left(\frac{\partial U}{\partial y} + \frac{\partial V}{\partial x}\right)\right] \quad ③$$

（3）温度方程

$$\frac{\partial TD}{\partial t} + \frac{\partial TUD}{\partial x} + \frac{\partial TVD}{\partial y} + \frac{\partial T\omega}{\partial \sigma} =$$

$$\frac{\partial}{\partial \sigma}\left[\frac{K_H}{D}\frac{\partial T}{\partial \sigma}\right] + \frac{\partial}{\partial x}\left(DA_H\frac{\partial T}{\partial x}\right) + \frac{\partial}{\partial y}\left(DA_H\frac{\partial T}{\partial y}\right) - \frac{\partial R}{\partial z} \quad ④$$

（4）盐度方程

$$\frac{\partial sD}{\partial t} + \frac{\partial sUD}{\partial x} + \frac{\partial sVD}{\partial y} + \frac{\partial s\omega}{\partial \sigma} = \frac{\partial}{\partial \sigma}\left[\frac{K_H}{D}\frac{\partial s}{\partial \sigma}\right] + \frac{\partial}{\partial x}\left(DA_H\frac{\partial s}{\partial x}\right) + \frac{\partial}{\partial y}\left(DA_H\frac{\partial s}{\partial y}\right) \quad ⑤$$

（5）紊流封闭方程

$$\frac{\partial q^2 D}{\partial t} + \frac{\partial Uq^2 D}{\partial x} + \frac{\partial Vq^2 D}{\partial y} + \frac{\partial \omega q^2}{\partial \sigma} = \frac{\partial}{\partial \sigma}\left[\frac{K_q}{D}\frac{\partial q^2}{\partial \sigma}\right] + \frac{2K_M}{D}\left[\left(\frac{\partial U}{\partial \sigma}\right)^2 + \left(\frac{\partial V}{\partial \sigma}\right)^2\right]$$

$$+ \frac{2g}{\rho_0}K_H\frac{\partial \tilde{\rho}}{\partial \sigma} - \frac{2Dq^3}{B_1 l} + \frac{\partial}{\partial x}\left(DA_H\frac{\partial q^2}{\partial x}\right) + \frac{\partial}{\partial y}\left(DA_H\frac{\partial q^2}{\partial y}\right) \quad ⑥$$

$$\frac{\partial q^2 lD}{\partial t} + \frac{\partial Uq^2 lD}{\partial x} + \frac{\partial Vq^2 lD}{\partial y} + \frac{\partial \omega q^2 l}{\partial \sigma} = \frac{\partial}{\partial \sigma}\left[\frac{K_q}{D}\frac{\partial q^2 l}{\partial \sigma}\right] + E_1 l\left(\frac{K_M}{D}\left[\left(\frac{\partial U}{\partial \sigma}\right)^2 + \left(\frac{\partial V}{\partial \sigma}\right)^2\right]\right)$$

$$+ \frac{g}{\rho_0}K_H\frac{\partial \tilde{\rho}}{\partial \sigma} - \frac{Dq^3}{B_1}\widetilde{W} + \frac{\partial}{\partial x}\left(DA_H\frac{\partial q^2 l}{\partial x}\right) + \frac{\partial}{\partial y}\left(DA_H\frac{\partial q^2 l}{\partial y}\right) \quad ⑦$$

其中，ω 为 σ 坐标系中的 σ 方向的水质点速度，它与直角坐标系中的垂向速度 W 之间的关系为

$$W = \omega + U\left(\sigma\frac{\partial D}{\partial x} + \frac{\partial \eta}{\partial x}\right) + V\left(\sigma\frac{\partial D}{\partial y} + \frac{\partial \eta}{\partial y}\right) + \sigma\frac{\partial D}{\partial t} + \frac{\partial \eta}{\partial t} \quad ⑧$$

A_M 为水平扩散系数：

$$A_M = C\Delta x \Delta y\left[\left(\frac{\partial U}{\partial x}\right)^2 + \frac{1}{2}\left(\frac{\partial V}{\partial x} + \frac{\partial U}{\partial y}\right)^2 + \left(\frac{\partial V}{\partial y}\right)^2\right]^{1/2} \quad ⑨$$

式中，C 值在 $0.10 \sim 0.20$ 之间。

在公式②～⑧中，E_1，E_3，B_1 是模型封闭常数；T 为温度；s 为盐度；$q^2/2$ 为紊动动能；$q^2 l$ 为宏观紊动尺度；ρ 为海水密度；壁函数 $\widetilde{W} = 1 + E_2(l/kL)$，$L^{-1} = (\eta - z)^{-1} + (H - z)^{-1}$。

（6）紊流封闭参数

垂向紊动黏滞系数 K_M 和垂向扩散系数 K_H、K_q 分别由下列公式确定：

$$K_M = lqS_M,$$
$$K_H = lqS_H,$$
$$K_q = lqS_q,$$
⑩

式中，S_M、S_H、S_q 为稳定性函数，由下列方程组求解：

$$G_M = \frac{l^2}{q^2 D}\left[\left(\frac{\partial U}{\partial \sigma}\right)^2 + \left(\frac{\partial V}{\partial \sigma}\right)^2\right]^{1/2}$$
⑪

$$G_H = \frac{l^2}{q^2 D}\frac{g}{\rho_0}\frac{\partial \rho}{\partial \sigma},$$
⑫

$$S_M(6A_1A_2G_M) + S_H(1 - 2A_2B_2G_H - 12A_1A_2G_H) = A_2$$
⑬

$$S_M(1 + 6A_1A_1G_M - 9A_1A_2G_H) - S_H(12A_1^2G_H + 9A_1A_2G_H) = A_1(1 - 3C_1)$$
⑭

$$S_q = 0.2$$
⑮

式中，A_1、A_2、B_1、B_2、E_1、E_2、C_1 为经验常数，其值由 Mellor 和 Yamada 的实验数据得到：

$$(A_1, A_2, B_1, B_2, C_1) = (0.92, 0.74, 16.6, 10.1, 0.08)$$

$$(E_1, E_2) = (1.8, 1.33)$$

2. 二维水动力模块和对流扩散模块的控制方程

（1）水动力模块控制方程（包括 1 个连续方程和 2 个动量方程）

① 连续方程

$$\frac{\partial \zeta}{\partial t} + \frac{\partial p}{\partial x} + \frac{\partial q}{\partial y} = \frac{\partial d}{\partial t}$$

② X 方向动量方程

$$\frac{\partial p}{\partial t} + \frac{\partial}{\partial x}\left(\frac{p^2}{h}\right) + \frac{\partial}{\partial y}\left(\frac{pq}{h}\right) + gh\frac{\partial \zeta}{\partial x} + \frac{gp\sqrt{p^2+q^2}}{C^2h^2}$$
$$- \frac{1}{\rho_w}\left[\frac{\partial}{\partial x}(h\tau_{xx}) + \frac{\partial}{\partial y}(h\tau_{xy})\right] - \Omega q - fVV_x + \frac{h}{\rho_w}\frac{\partial}{\partial x}(p_a) = 0$$

③ Y 方向动量方程

$$\frac{\partial p}{\partial t} + \frac{\partial}{\partial y}\left(\frac{p^2}{h}\right) + \frac{\partial}{\partial x}\left(\frac{pq}{h}\right) + gh\frac{\partial \zeta}{\partial y} + \frac{gp\sqrt{p^2+q^2}}{C^2h^2}$$
$$- \frac{1}{\rho_w}\left[\frac{\partial}{\partial y}(h\tau_{xx}) + \frac{\partial}{\partial x}(h\tau_{xy})\right] - \Omega q - fVV_y + \frac{h}{\rho_w}\frac{\partial}{\partial y}(p_a) = 0$$

式中，ζ 为潮位，即水平面到某一基准面的距离（m）；h 为水深（m）；p、q 分别为 x、y 方向上的垂线平均流量分量[（m³/s）·m⁻¹]；u，v 分别为 x，y 方向上的平均水深流速（m/s）；τ_{xx}，τ_{xy}，τ_{yy} 分别为剪切应力在各方向的分量；柯氏力参数 $\Omega = 2\omega$ · $\sin\psi$；g 为重力加速度（m/s²）；C 为谢才系数（m^{1/2}/s）；ρ_w 为水的密度（kg/m³）；x、

y 为直角坐标(m);t 为时间(s)。

（2）AD(advection-dispersion)模块（即对流扩散模型）控制方程

$$\frac{\partial}{\partial t}(hc)+\frac{\partial}{\partial x}(uhc)+\frac{\partial}{\partial y}(vhc)=\frac{\partial}{\partial x}\left(h \cdot D_x \cdot \frac{\partial c}{\partial x}\right)+\frac{\partial}{\partial y}\left(h \cdot D_y \cdot \frac{\partial c}{\partial y}\right)-F \cdot h \cdot c+S$$

式中，c 为污染物质的浓度；u,v 为 x,y 方向的速度分量；h 为水深；Dx、Dy 为 x,y 方向的扩散系数；F 为线性衰减系数；c 为污染源项排污中所含污染物质的浓度；S 为污染源项。u,v 和 h 由水动力模型提供。

其中，平面扩散系数由下式求得

$$D_x = 5.93\sqrt{g}\,|\overline{u}|\,H/C$$

$$D_y = 5.93\sqrt{g}\,|\overline{v}|\,H/C$$

式中，H 为水深；u,v 为 x、y 方向流速；C 为谢才系数($m^{1/2}/s$)，$C=H^{1/6}/n$，n 为曼宁系数；g 为重力加速度。

3. 对流扩散模块的控制方程

如下所示：

$$\frac{\partial c}{\partial t}+\frac{\partial uc}{\partial x}+\frac{\partial vc}{\partial y}+\frac{\partial wc}{\partial \sigma}=F_c+\frac{\partial}{\partial \sigma}\left(D_v\frac{\partial c}{\partial \sigma}\right)-k_p c+c_s S$$

$$F_c=\left[\frac{\partial}{\partial x}\left(D_h\frac{\partial}{\partial x}\right)+\frac{\partial}{\partial y}\left(D_h\frac{\partial}{\partial y}\right)\right]c$$

其中，c 为污染物浓度；c_s 为源强；D_v 为垂向扩散系数；D_h 为水平扩散系数；其他参数，与水动力参数含义相同。

5.2.2 计算条件

（1）开边界控制点位至少一个月的观测资料（潮位）。

（2）内部观测点位，按照《海洋监测规范》和《海洋生态环境监测技术规程》的要求，并结合实际情况合理选择。一年四季，每季各观测一次。

（3）温度、盐度场（包括初始场和验证场）

5.2.3 网格建立

1. 网格剖分

目前大多数水动力学模型，如 POM、ECOM、EFDC 等所采用的是结构网格（结构网格即网格中的节点排列有序、邻点间的关系明确），这种网格对复杂边界的适应性较差，对边界周围的流场和水质模拟不够精确。近年来发展的非结构网格（非结构网格即网格中的节点位置无法用一个固定的法则予以有序地命名，图5.2-1)虽然其生成过程比较复杂，但是对边界的处理有着极好的效果。因此，本书拟采用非结构网格技术，提高数值模拟精度。

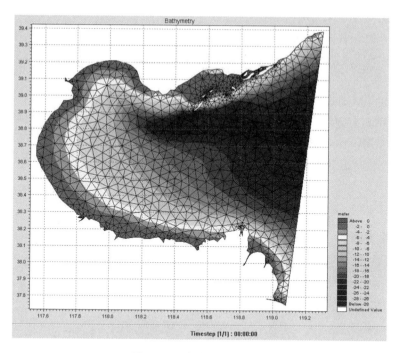

图 5.2-1　海域网格示意图

2. 数值求解

采用有线体积法,对潮波运动方程进行离散求解。采用数值模型模拟潮波运动,得到流场的分布。

5.3　计 算 过 程

首先对计算模型进行网格化设置,模型计算网格采用不规则三角网格,对排海口区域进行局部加密。再对边界条件进行设置,边界的设置主要根据以往的研究成果。

初始条件——给定模拟水域的潮位 ξ,流速 $u=0.0,v=0.0$;

① 闭边界:$Q_n=0$,法线方向上的流量为零;

② 开边界:将给定单位面积的时间-流量的过程线作为源汇项,加入到边界网格上,即

$$\frac{\partial \xi}{\partial t}+\frac{\partial p}{\partial x}+\frac{\partial q}{\partial y}=0$$

式中,Q 为单位面积流量[$(m^3/s)\cdot m^{-2}$],"+"表示入流,"−"表示出流。

在设定好边界条件后,根据研究区域的实测数据对模型进行验证,最后根据实际工程的具体废水情况选取代表性污染物(一般包括 COD、氨氮、石油类、重金属等),通过模拟各类污染物的稀释扩散范围分析废水的环境效应。

第6章 扩散器环境效应物模试验

由于污水深海排放工程废水出流环境效应非常复杂,受到排污条件、环境条件和扩散器参数等多种因素的影响。因此,只依据经验公式或数学模拟还很难真正解决,物理模型仍然是最重要的研究方法。本章在数值模拟计算的基础上,通过水槽物理模型试验的技术手段,分析不同末端扩散器上升管间距、喷口水平方位角、不同射流角度的污染物稀释特性,对数值模拟计算得出的规律进行验证对比,同时分析废水出流在排污口近区的扩散效果,分析扩散器结构参数的变化与废水射流环境效应的影响机制,是对数值模拟计算的良好补充,也为扩散器喷口等参数的设计提供理论支撑。

6.1 物理模拟概述

污水深海排放工程的水动力特点一般是受海洋潮汐水动力作用,污水在这种水环境中稀释、扩散和输移均有其特殊规律,利用物理模型的研究手段分析这种规律对于我国海洋环境保护具有重要的意义。

物理模拟就是通称的水工模型试验模拟。水工模型试验是根据相似原理来模拟天然河流、河口及海洋水流现象和过程,在实验室条件下进行观测和分析研究人员关心的现象,然后把测量的结果转化计算为原型以供实例设计参考。模型的设计和制作必须根据原型实测资料,按照一定的比例尺缩小,建成模型后,还必须经过验证以确保模型能够正确反映或重现天然的水流过程和现象。利用水工模型就可以在室内条件下模拟研究污染物在潮汐河口及海洋内的迁移扩散规律。

污水排入海洋水体后,其运动过程从时间上看大致可以分为三个阶段:初始稀释阶段、再稀释和迁移阶段、长期扩散和输运阶段。从空间上看,可以划分为近区和远区:远区是指距离排放口较远的区域,在该区域,污水的稀释通过环境水体的输移和自身扩散来完成,其稀释为"被动"稀释;在近区,污水的稀释规律主要取决于扩散器特征和射流的初始参数,污水的稀释主要是以射流引起的剪切卷吸、湍流卷吸、涡流卷吸和强制掺混作为主要机理,其稀释为"主动"稀释。物理模型手段应用于扩散器参数设计主要是利用物模可以模拟污水出流后,在排污口近区扩散效果的特点,弥补数值模拟的不足,通过分析不同参数对于污水扩散效果的影响,提出扩散器参数的设计依据。目前国内外利用物模试验技术开展扩散器污水环境效应的研究较为广泛,也为结构参数的设计提供了理论依据和技术支撑。

6.2 试 验 理 论

中国深海排放工程的特点主要是受到潮汐的作用,模型试验是基于它能够在一定程度上反映现实情况,因此模型与原形的相似是模型试验的基本保证,也是模型试验的首要保证,要在模型中重现原形的水流运动及污染物的扩散迁移,必须保证以下几个方面的相似。

1. 水力相似

(1) 几何相似

几何相似指模型与原型几何形状和边界条件的相似,即模型与原型间相应长度的比例 α_L 为一定值。根据定义,得

$$Lp/Lm = \alpha_L$$

相应的面积比例 A_r 及体积比例 V_r 为

$$Ap/Am = \alpha_A = \alpha_L^2$$

$$Vp/Vm = \alpha_V = \alpha_L^3$$

式中,L、A 及 V 分别为长度、面积及体积;P、m 为原型、模型。

(2) 运动相似

运动相似指模型与原型中水流质点运动的流线几何相似,这要求原型与模型间流速比例为一定值。故运动相似的必要条件为

$$\frac{V_p}{V_m} = \alpha_v = \frac{\alpha_v}{\alpha_t} = \alpha_L \alpha_t^{-1}$$

$$\frac{\alpha_p}{\alpha_m} = \alpha_v = \frac{\alpha_v}{\alpha_t} = \alpha_L \alpha_t^{-2}$$

$$\frac{Q_p}{Q_m} = \frac{L_P^3 T_p^{-3}}{L_m^3 T_m^{-3}} = \alpha_L^3 \alpha_t^{-3}$$

(3) 动力相似

动力相似指模型等原形水流中相应点作用力的相似性。根据几何相似性和牛顿第二定律,有

$$\frac{(F_1)_p}{(F_1)_m} = \frac{(F_2)_p}{(F_2)_m} = \cdots = \frac{(F_n)_p}{(F_n)_m} = \frac{M_p \alpha_p}{M_m \alpha_m}$$

2. 扩散机理相似

污染物质在水中扩散是一个极其复杂的物理过程,在不同的边界条件和不同的水动力条件下呈现出不同扩散规律,概括前人的研究成果可以分为紊动扩散、剪切流分散与相对扩散,各种扩散现象的扩散规律表达如下:

紊动扩散:$k = vt/\sigma t$

剪切流分散:$k = ahu$

相对扩散：$k = b\varepsilon^{1/3} L^{3/4}$

式中，υt 为紊动黏滞系数；ε 为能量耗散率；u 为摩阻流速；a、b 为常数；L 为长度尺度。

3. 扩散器近区模型比例尺设计

我国排海工程的特点主要是受到潮汐的作用，模型试验是基于它能够在一定程度上反映现实情况，因此模型与原型的相似是模型试验的基本保证，要在模型中重现原型的水流运动及污染物的扩散迁移，必须保证以下几个方面的相似：几何相似、流场相似以及浓度场相似。

（1）必须保证原型和模型的密度佛汝德数 F 相等，即原型和模型密度佛汝德数之比：

$$F_r = \frac{u_r}{\sqrt{g_r \left(\dfrac{\Delta \rho}{\rho}\right)_r L_r}} = 1$$

式中，L_r 为长度比例尺；u_r 为流速比例尺；$(\Delta \rho / \rho)_r$ 为海水与尾水相对密度比例尺；g_r 为重力加速度。

（2）模型按佛汝德准则设计，模型中的流态必须和原型一致。为保证流态相似，模型喷口雷诺数应大于临界雷诺数值，即

$$R_{ejmin} = \frac{u_{jmin} D_{min}}{\nu} \geqslant R_{ec}$$

式中，R_{ejmin} 为模型中的喷口雷诺数最小值；u_{jmin} 为模型中的最小喷口流速（m/s）；D_{min} 为模型中的最小喷口直径（m）；ν 为水流运动黏性系数（20℃时，$\upsilon = 0.01010$ cm²/s）；R_{ec} 为临界雷诺数值。

6.3　试　验　设　备

1. 环境给排水自动控制系统

（1）环境给排水自动控制系统主要设备

包括水槽、蓄水池、进水阀门、出水阀门、尾门、流速仪、水位计、管路连接。物理模型试验在该系统中开展，其中玻璃水槽尺寸：长×宽×高＝70 m×0.7 m×0.9 m，装置如图 6.3-1 和图 6.3-2 所示。

（2）主要功能

通过进出水阀门及流速仪、水位计的联合操作，实现水槽的水位流速的自动控制，主要是进水阀门，尾门与流速仪，水位仪等的联合自动控制。

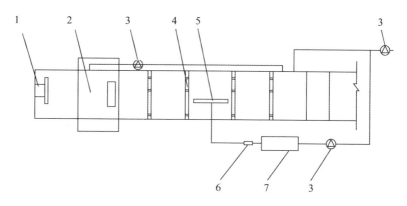

图 6.3-1　环境给排水装置示意图

1—造波机　2—控制室　3—双向泵

4—测桥　5—扩散器　6—流量计　7—配液箱

图 6.3-2　环境水槽和流速仪图

2. 污水给水控制系统

（1）污水给水控制系统主要设备

包括污水箱、搅拌器、污水泵、给水泵、阀门、进出水连接管路。

（2）主要功能

实现污水箱进水及污水的配置搅拌、污水出流量控制、管道的连接布置，如图 6.3-3。

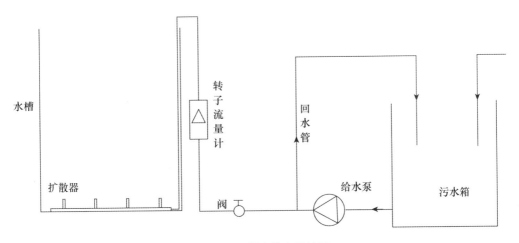

图 6.3-3 污水给水系统图

其中,试验尾水为水、乙醇和罗丹明 B 的混合物。尾水和水的密度用液体比重计进行标定。试验尾水按流量要求通过水泵和流量计控制进入扩散器的流量。

3. 采样及样品分析仪器

采样器采用真空泵抽吸方法进行,采样车可沿水槽轴线移动,在距扩散器轴线不同距离的断面、不同垂线、不同水位进行采样,如图 6.3-4 和图 6.3-5。尾水稀释度用样品分析法定量量测,取样标本用样品分析法定量量测,取样标本用 UV1800型紫外分光光度计测定含量,换算得相应的尾水稀释度,如图 6.3-6。

图 6.3-4 水槽试验图

图 6.3-5 采样车及真空采样器图

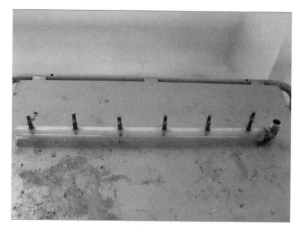

图 6.3-6　扩散器模型图

6.4　试验模型设计

物理模型试验主要对排放口海域局部模型进行试验,同时,由于在排放口附近,射流与周围环境水体间的速度差相差很大,射流与环境水体的掺混过程具有强烈的三维性,因此必须使用正态物理模型。结合试验室条件、扩散器材料、尾水排放量等选用模型比例尺,主要包括几何比例尺、流量比例尺、流速比例尺、时间比例尺、相对密度比例尺等。污水流量根据目前我国主要沿海产业园区及港口规模设定 90 000 t/d,扩散器模型为重点分析喷口角度及上升管间距对环境效应的影响,采用概化模型,简化喷口数量,采用单上升管布置两个喷口的结构型式,分析废水射流环境效应。

结合以往的研究成果与目前我国废水离岸处置工程的实例,一般在设置模型时首先设定几何比例尺,再根据几何比例尺的大小计算其他比例尺。在以往的研究中离岸处置工程物模几何比例尺由于受到场地的限制,往往不会设置过大,一般在 10～30 之间,因此本模型参考其他工程的研究实例与场地条件,按照实际扩散器长度进行模型设计,则水槽宽度应大于 5 m,如此大的水槽将花费较多的时间和试验经费。考虑扩散器设计出流的均匀性和排放海域在扩散器试验区域流场的一致性,因此,在扩散器模型设计中,设置几何比例尺为 25,作为后续开展模型试验的基础。模型比例尺取值为

几何比例尺:$\lambda_l = 25$;

流量比例尺:$\lambda_Q = \lambda_l^{\frac{5}{2}} = 3125$;

流速比例尺:$\lambda_v = \lambda_l^{\frac{1}{2}} = 5$;

时间比例尺：$\lambda_t = \lambda_l^{\frac{1}{2}} = 5$；

相对密度比例尺：$\lambda_{(\rho/\rho_0)} = 1$。

6.5　试验方案与内容

在扩散器结构参数的选择上，根据总结以往的研究成果，扩散器管径等基本参数对废水射流环境效应的研究已开展较为广泛，因此选取喷口水平方位角度、射流角度以及扩散器长度作为模型试验分析的指标，观测这些参数的变化对于污水在排放口近区的稀释扩散规律，分析废水出流环境效应，对数值模拟计算的结果进行验证分析。

第7章 扩散器水力特性数值模拟

扩散器水力结构是整个排海工程正常运行的关键。随着排海工程的大规模应用,排放量和排污口水深的要求也越来越大,扩散器出现喷口出流不均匀甚至部分管道没有出流、泥沙生物入侵管道并在管道内沉积严重等现象,都可能导致排海工程运行差甚至无法运行。扩散器水力结构优化主要通过对复杂管道的管径设计和添加附加设置,使得污水能在各个出口均匀出流,同时避免海水倒灌和泥沙生物入侵现象的发生,为污水排海提供稳定可行的运行环境。主要是扩散器流量分配的设计,实现流量按扩散器具体工程要求进行沿程分配,使污水排出后与受纳水体进行最大程度的掺混稀释。这些问题的解决需要了解扩散器的内部水流运动规律,并对影响因素有深刻的理解,才能实现扩散器水力结构的针对性设计。扩散器内部水流运动规律通过数值模拟的方法可以大大提高计算的准确性和便捷性。

污水出流水力特性数值模拟主要是通过采用 GAMBIT 2.1.2 和 FLUENT 6.1.2 软件进行数值模拟计算,得到扩散器的内部流场分布规律,并得到扩散器的主管内不同部位的流速、流量和喷口的流速和流量,进一步分析扩散器的排放均匀度等,确定更适合的扩散器变径数和变径等。

7.1 水力计算要求

7.1.1 水力计算内容

扩散器是现代沿海城市污水排海工程中的重要组成部分,是有别于早期污水排海工程的主要特征。所谓扩散器只不过是一段管子,当这段管子裸置于海底时,在管壁上开一些小孔,当这段管子埋设在海底面以下时,须设置立管,管上带有喷口并伸出海底面。在污水排海工程中,扩散器的主要作用是通过它可以将污水均匀分散地排放到海洋环境水体中去,因此,扩散器可提供给污水极大的初始稀释,其对海岸环境起到明显的保护作用。从已投入运行的污水排海工程来看,良好的扩散器水力设计,已成为污水排海工程成功的关键因素。

扩散器的设计内容主要为确定扩散器各部分尺寸,具体包括:① 扩散段管径及变径数;② 各段变径的长度;③ 各喷口直径;④ 上升管直径及高度(在有上升管扩散器时)。

7.1.2 水力计算要求

现代排海工程为使末端扩散器能有良好的运行状态,对扩散器水力设计要求如下:

(1) 为达到保护海洋环境的目的,在水平放置的扩散器(各喷口处于同一水深),设计中应保证各喷口出流量均匀;对沿海底有一定坡度放置的扩散器(各喷口处于不同水深),在设计中应保证各喷口出流量沿水深较深的喷口出流量较大。一般是由于离岸较远的喷口处于较深位置,因此要求各喷口出流量从近岸到远岸有一流量逐渐增加的趋势。

(2) 为防止悬浮物和颗粒物在排海管道内沉积,要求管道内流速应满足冲淤流速(也称自净流速)的条件,由于管道内流速与污水排放量有关,因此要求在设计中至少在高峰流速时应达到 0.6～0.9 m/s 的冲淤流速值。另外由于悬浮物和颗粒物的沉降性能与其组成有关,其组成最终取决于岸上污水的预处理程度,因此在设计中应综合考虑。

(3) 管道内的总水头损失要小,以减少日后污水排海工程投入运行后的能耗和运行、管理最低的要求。

(4) 扩散器喷口应充满污水并应尽量避免海水倒灌现象的发生。

(5) 扩散器喷口流速一般要求在 2.0～3.0 m/s 之间。

(6) 扩散器喷口出口直径一般选为 55～230 mm 之间。

为达到以上几点要求,扩散器在设计中采用的解决办法包括:

① 可以采用变径措施,以达到自净流速的要求,从理论上讲,由于扩散器喷口出流,变径最好是每两个喷口之间都应采用,但这会带来总水头损失的增加,同时大大增加扩散器制造的难度,因此是不经济的也是不现实的(满足上述第 1 点要求)。

② 扩散排各喷口佛汝德数应大于 1.0,另外目前国外更多采用比较保守的Maran 标准,即喷口佛汝德数大于 $\sqrt{2}$,并且要求整个下游扩散器所有喷口的面积应不超过相应扩散段截面积的 1/2～2/3(满足上述第 4 点要求)。

③ 对于流量影响,一般要求将扩散器设计成在平均流量下出流量为均匀分布,而在峰值流量下,使深水处喷口的出流量大于平均喷口出流量。

7.2 水力计算影响因素

影响扩散器设计的因素主要有:

1. 污水流量

污水流量是扩散器水力设计中最主要的影响因素,污水流量的变化能带来:① 管道内流速的变化,在污水流量达不到设计流量时,会造成悬浮物和颗粒物的沉积;② 各喷口出流不均匀。

2. 喷口面积与主管面积之比

下游扩散器所有喷口面积与相应土管截面积之比超过 0.5 时,喷口出流量开始变得不均匀。

3. 管道坡度及上升管高度

管道坡度对扩散器的影响有两个:① 对喷口流量分布的影响,坡度变大,喷口流量将不均匀;② 对海水入侵的影响,在坡度变大时,所需阻止海水入侵的最小流量增加。

4. 管道摩擦系数

摩擦系数增大,扩散器喷口出流量将不均匀。在实际工程中,管道摩擦系数的增大往往是由于管道内颗粒和悬浮物的沉积造成,由于管道内的沉积,流量变得不均匀。

7.3 计 算 流 程

扩散器水力计算过程如图 7.3-1 所示。

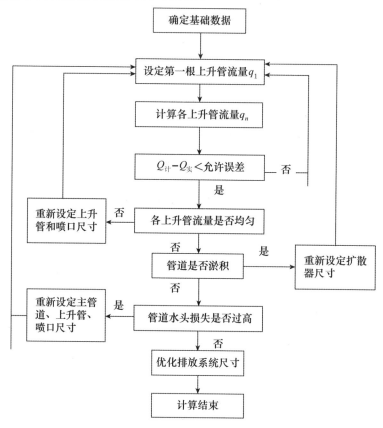

图 7.3-1 扩散器水力计算过程

管道内的污水流动可以看作是在不可压缩以及不考虑热转换条件下进行的，其标准 k-ε 模型的控制方程组如下：

$$\frac{\partial u_i}{\partial x_i} = 0 \qquad\qquad ①$$

$$\frac{\partial u_i}{\partial t} + \frac{\partial (u_i u_j)}{\partial t} = -\frac{1}{\rho}\frac{\partial p}{\partial x_i} + \frac{1}{\rho}\frac{\partial}{\partial x_j}\left[(\mu_t + \mu)\left(\frac{\partial u_i}{\partial x_j} + \frac{\partial u_j}{\partial x_i}\right)\right] \qquad\qquad ②$$

$$\frac{\partial}{\partial t}(\rho k) + \frac{\partial}{\partial x_i}(\rho k u_i) = \frac{\partial}{\partial x_j}\left[\left(\mu + \frac{\mu_t}{\sigma_k}\right)\frac{\partial k}{\partial x_j}\right] + G_k - \rho\varepsilon \qquad\qquad ③$$

$$\frac{\partial}{\partial t}(\rho\varepsilon) + \frac{\partial}{\partial x_i}(\rho\varepsilon u_i) = \frac{\partial}{\partial x_j}\left[\left(\mu + \frac{\mu_t}{\sigma_\varepsilon}\right)\frac{\partial\varepsilon}{\partial x_j}\right] + C_{1\varepsilon}\frac{\varepsilon}{k}G_k - C_{2\varepsilon}\rho\frac{\varepsilon^2}{k} \qquad\qquad ④$$

式中，
$$\mu_t = \rho C_\mu \frac{k^2}{\varepsilon} \qquad\qquad ⑤$$

标准 k-ε 模型方程中的常数一般取 $C_{1\varepsilon}=1.44, C_{2\varepsilon}=1.92, C_\mu=0.09, \sigma_k=1.0, \sigma_\varepsilon=1.3$。式中，$x_i$ 是笛卡儿坐标，t 为时间，ρ 是密度，μ 是动力学黏性系数，μ_t 是湍动能黏性系数，μ_i、p、k、ε 是时间平均速度、静压、湍动能、湍动能耗散率。

7.4 扩散器水力设计计算参数的选取

1. 管道沿程阻力

沿程水头损失反映水流为克服摩擦阻力做功而消耗的能量，因而其数值的大小主要取决于管径和管材。根据谢才公式可以得到阻力系数 $\lambda=8g/C^2$，其中谢才系数 C 可由曼宁公式计算得到，即

$$C = \frac{1}{n}\left(\frac{D}{4}\right)^{1/6}$$

其中，D 为管径，n 为管壁粗糙系数，则单位管道长度的水头损失为

$$i = \frac{\lambda}{D} \cdot \frac{V^2}{2g}L$$

2. 局部阻力系数

局部水头损失反映由于局部边界急剧变化，水流在急剧调整过程中所消耗的能量，因而局部阻力系数 ζ 的大小主要由管道的局部构造所决定，一般视情况作如下处理：

① 放流管沿程各转弯处均按急转弯考虑，相应局部阻力系数根据管线沿程转弯角度按经验值选取；

② 扩散段变径管道按突缩考虑；

③ 上升管与扩散器之间按三通管考虑；

④ 上升管各喷口可简化为一等效喷口，在计算时按 $90°$ 急转弯加突缩情况考虑，即

$$\zeta = 1.0 + 0.5(1 - A_2/A_1)$$

式中，A_1、A_2 分别为喷口截面积和上升管截面积。而对于其他形式的喷口，可以按

等阻力进行校核,对于精确的计算可以从物理模型试验取得。

7.5 边界与网格设置

1. 边界条件

表 7.5-1 列出了模拟计算所采用的边界条件。

表 7.5-1 边界条件汇总

计算区域边界	标准 k-ε 模型
入流边界	Mass-flow-inlet
出流边界	Pressure-outlet
侧壁流体边界	无滑边界条件
顶部流体边界	无滑边界条件

2. 网格设置

由于废水射流的水力效果受扩散器结构影响较大,因此重点针对扩散器的结构进行网格设置网格剖分时,采用概化模型,根据实际需要,采用不同的生成方式,最后所得网格类型:部分为结构网格,部分为非结构网格。总体网格分布和局部网格分布如图 7.5-1 和图 7.5-2 所示。

图 7.5-1 计算区域总体网格图

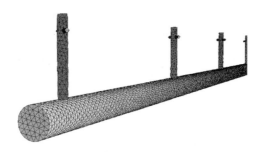

图 7.5-2 计算区域局部网格分布图

第8章　扩散器水力特性物模试验技术

本章主要根据之前的研究成果,通过扩散器水力模型性能试验检验扩散器的喷口出流均匀性及阻力损失以及不同运行条件下的水力影响,并对扩散器的水力设计进行验证和提供优化依据。

8.1　试 验 模 型

在废水离岸处置工程中,为保证污水扩散效果,实际扩散器要求安装在海平面7m以下,若将模型的扩散器全部置于水槽中,则水槽尺寸要求很大,如此大的水槽将花费较多的试验经费和时间。本部分试验将扩散器放在空气中进行,利用人工测压方式分析扩散器各喷口的出流量与出流均匀性,不会影响喷口出流均匀性、水头损失及阻力系数的试验成果。

模型系统由供水箱、供水管、控制阀门、水表、扩散器、测压管、退水渠等组成,见图 8.1-1。模型采用有机玻璃管制作,模型根据目前主要污染排海工程规模与污水量,设定长 11.5 m,设 15 根上升管。由供水箱供水,阀门控制流量,喷口流量的测量采用体积法进行,用秒表计时,电子秤称重,精度达到 0.1 g,相对来说流量的计量是比较准确的。上升管喷口喷出的水流由退水渠流入地下水库。

图 8.1-1　扩散器水力特性物模试验系统图

8.2 试验技术

按照污水排放量、模型材料及试验场地的面积、供水、退水条件,选用几何比例尺为1:10的正态模型,按重力准则设计。

(1)各项模型比例尺如下:

几何比例尺:$\lambda_l = 10$;

流量比例尺:$\lambda_Q = \lambda_l^{\frac{5}{2}} = 316$;

流速比例尺:$\lambda_v = \lambda_l^{\frac{1}{2}} = 3.16$;

糙率比例尺:$\lambda_n = \lambda_l^{\frac{1}{6}} = 1.468$。

模型材料采用有机玻璃管,糙率 $n=0.008$,原型钢管的糙率,若为新钢管时 $n=0.012$,一般为 $n=0.012$,则糙率比例尺 $\lambda_n = 0.011/0.008 = 1.375$,$\lambda_n = 0.012/0.008 = 1.5$,基本上可以满足要求。

实际试验模型试验场地为:20 m×5 m,见图8.2-1。

图 8.2-1　扩散器水力特性物模试验现场图

(2)模型设计的放流管主要参数

流量:$Q = 1.83\,l/s$;

流速:$V = 64.8\,cm/s$;

内径:$D = 6.0\,cm$;

雷诺数:$R_{ej} = 38495$。

从上述计算可知,水平放流管和上升管的雷诺数均大于临界雷诺数,说明选用的几何比例尺,按重力准则设计模型均可满足水流相似条件。根据莫迪的 λ-R_e 图查得,扩散器方案的水平放流管处于光滑管曲线上。由于扩散器上升管系统中沿程阻力一般为全部阻力的30%左右,而局部阻力是主要的,由于上升管进口处模型加工及测量管的因素,很难测得准确值,因此在试验中不进行验证。放流管尽管未处于阻力平方区,但对试验成果影响很小。渐变段的局部阻力主要取决于系统的形状,因此提高模型的加工精度,保证局部阻力相似是很重要的,见图8.2-2。

图 8.2-2　水力特性现场测试

8.3　不同流量情况下扩散器喷口封闭方案物模试验

目前中国大部分沿海地区由于水运交通和海洋环境保护的需要,都开展了污水深海排放工程,区域也由南到北遍布全国,例如广东、江苏、辽宁等地。但工程中常用的扩散器水力设计方法对海水入侵和清除问题考虑不足,通过对运行多年的扩散器排污效果调查发现,部分排放系统达不到预期的稀释效果,只有部分竖管有污水出流,另一部分竖管根本没有污水出流,而是发生了海水倒灌。产生这种现象的原因与扩散器系统低流量运行工况有关,很多排放系统在设计建造时,考虑到污水排放量日益增加的要求,设计流量通常在满足目前排放要求的基础上留有一定的扩容余地,这就造成了排放系统在投入使用之初,长时间处于低流量工况。例如天津南港污水排海工程设计水量为 60 000 m^3/d,而工程运行前期水量仅为8000 m^3/d 左右。当排放流量低于一定值时,海水会经由扩散器出口侵入扩散器系统。

海水入侵扩散器的主要形式有循环阻塞与盐水楔阻塞两种。

循环阻塞主要发生在当污水排放系统运行过程中突发故障,形成污水断流,此时海水从近岸上升管进入,而从远岸上升管排出,形成海水入侵循环,在污水流量增大至大于临界冲洗流量时,入侵的海水就被冲出扩散器,系统恢复正常污水排放。

盐水楔阻塞主要发生在扩散器首次启动运行或停止一段时间后再次运行的情况下,此时扩散器内已充满海水,在污水进入扩散器的过程中,形成污水或盐(海)水楔形界面,污水从界面前的近岸端上升管排出,海水从界面后的远岸端上升管进入,进而形成海水入侵循环,随着污水排放量的增大,盐水楔界面逐渐向远岸方向退缩,直至被完全冲出扩散器,系统恢复正常运行。

海水入侵会使扩散器的远岸竖管被海水阻塞而没有污水出流,污水主要从近岸的竖管流出,降低近区稀释度,增加了对岸边环境的压力;同时,海水入侵也极大地增加了系统的能耗,使得水泵很大一部分能量消耗在海水循环上,增加了运行成本;海水入侵时挟带泥沙进入竖管后,一般都会出现不均匀悬浮或沉降,不能以均匀浆体形式随管中的污水出流而被带出;由于海水楔阻塞和海水循环阻塞,海水将长时间存留在放流系统内,导致管壁上海生物附着生长,使管道有效过水断面减小甚至堵塞,降低排污效率,甚至造成系统破坏。

鉴于各种实际因素的影响以及扩散器系统自身设计中的考虑不足,海水入侵现象在扩散器系统运行过程中时有发生且危害极大,因此需要针对不同流量对扩散器的喷口采取封闭措施,降低海水入侵的风险,本节利用之前的模型,对扩散器部分喷口进行封堵,模拟不同流量情况下的扩散器水力特性,从水力特性角度论证喷口封闭方案的可行性,为废水离岸处置工程在不同流量下的实际运行提供设计依据。

8.4　出流效果计算内容

8.4.1　出流不均匀性计算

出流不均匀性是考察扩散器结构设计是否合理、污水排海工程运行效果是否达标的主要指标。一般通过物模试验后,对各喷口的出流不均匀性进行计算,公式为

$$P_1 = \frac{Q_{r\_\max} - \overline{Q_r}}{\overline{Q_r}} \times 100\%$$

$$P_2 = \frac{Q_{r\_\min} - \overline{Q_r}}{\overline{Q_r}} \times 100\%$$

式中,Q_r 为每根上升管出流量;$Q_{r\_\max}$ 为上升管出流量的最大值;$Q_{r\_\min}$ 为上升管出流量的最小值;$\overline{Q_r}$ 为上升管出流量的平均值;不均匀性的绝对值需控制在 10% 以内方能达到设计要求。

8.4.2　局部阻力系数计算

扩散器中污水排放时,主要水头损失发生在放流管与上升管之间的接点及渐变段处,由于放流管与上升管连接处,存在模型制作本身粗糙及测压管等因素,使得局部损失很难准确测量,因此本试验主要测量水流流经渐变段时的水头损失,计

算出相应的局部阻力系数,与设计采用的局部阻力系数进行比较。

试验的局部阻力系数计算程序如下:

① 计算每根上升管的实测流量 Q_i;

② 计算每根上升管的面积 A_i;

③ 计算每根上升管的流速 $V_i = \dfrac{Q_i}{A_i}$;

④ 计算 $\dfrac{V_i^2}{2g}$;

⑤ 计算每根上升管的实测测压管水头差 ΔH_i;

⑥ 计算每根上升管的局部阻力系数 $\zeta_i = \dfrac{\Delta H_i}{V_i^2 / 2g}$;

⑦ 计算每根上升管多次试验成果的平均局部阻力系数 $\overline{\zeta_i}$;

⑧ 与设计采用的局部阻力系数 ζ 进行比较,求出 $\Delta\zeta = \zeta - \overline{\zeta}$;

⑨ 求误差 $P = \dfrac{\Delta\zeta}{\zeta} \times 100\%$。

8.4.3 海水入侵流量与临界冲洗流量计算

不发生海水倒灌(入侵)情况下,放流管-扩散器内排放污水的最小流量称为临界入侵流量(Q_I)。将入侵海水冲出放流管-扩散器的最小污水排放流量称为临界冲洗流量或清除流量(Q_p)。

污水排放流量大小的调控,对于防止海水倒灌和消除海水入侵的危害是非常重要的。如前所述,在放流管-扩散器系统内发生海水倒灌(入侵)是难于避免的,因此,在设计和运行调度中,应保证系统在必要时能维持一定时间的高峰流量将入侵的海水冲出放流管-扩散器。在正常运行时,应能保证最小流量可防止发生海水入侵,即

$$Q_{\max} \geqslant Q_p, \ Q_{\min} \geqslant Q_I$$

式中:$Q_{\max}$ 为系统运行时排放污水量最大流量;$Q_{\min}$ 为系统运行时排放污水量最小流量。

1. 临界入侵流量

判定海水能否入侵污水排放系统以及确定系统冲洗的判据为临界密度佛汝德数 F_c,其值按下式计算。

$$F_c = V_c (g' D_p)^{-\frac{1}{2}}$$

式中,V_c 为喷口临界流速;g' 为有效重力加速度,$g' = \dfrac{\rho_0 - \rho_s}{\rho_s} g$;$\rho_0$ 为海水密度;ρ_s 为污水密度;g 为重力加速度;D_p 为喷口直径。

一般污水排海工程中,取 $F_c = \sqrt{2}$。鉴于本工程拟用孔口出流及射流角度可能为 0°的实际情况,并考虑一定的安全储备,计算中取 $F_c = 2$。

2. 临界冲洗流量

（1）循环阻塞

以循环阻塞为特征的海水入侵条件下的临界冲洗密度佛汝德数按下式计算：

$$F_c = \left[\frac{2h}{D_r(1+\phi)} \right]^{\frac{1}{2}}$$

式中，h 为上升管计算长度；D_r 为上升管直径；ϕ 为水平管和上升管的摩阻系数。

（2）盐水楔阻塞

以盐水楔阻塞为特征的海水入侵条件下的临界冲洗密度佛汝德数按下式计算：

$$F_c = \left[\frac{2h/D_r}{1 + f\dfrac{h}{D_r} + \left(\dfrac{D_r}{D}\right)^4 (2S_m + K - 1)} \right]^{\frac{1}{2}}$$

式中，f 为水平管沿程阻力系数；K 为水平管至上升管处局部阻力系数；$S_m = 1.12$；其他符号意义同前。

综上所述，扩散器结构参数设计主要步骤如下：

（1）进行扩散器初步计算，通过理论研究计算，参考国内外工程实例，提出扩散器方案。在此基础上进行近区环境效应物理模型实验，主要采用水槽实验确定扩散器长度、上升管间距、上升管数量、上升管喷口数、水平方位角和射流角度等参数，研究扩散器近区稀释扩散情况，为工程设计提供技术支持和参考依据。

（2）进行污水出流远区环境效应数值模拟计算与近区物理模型试验，预测扩散器排放的污水中各类污染物质对水环境的影响程度，分析扩散器长度、射流角度、水平方位角度等对污水稀释扩散效果的影响，从污染物与海水充分混合的角度来分析扩散器排污的可行性。

（3）进行污水末端处置水力特性数值模拟计算，分析扩散器的出流量、出流均匀性及水头损失计算，对扩散器的不淤排放量、临界入侵流量、冲洗流量进行分析。

（4）进行水力特性物理模型实验研究，通过扩散器水力模型性能试验检验扩散器的阻力损失及喷口出流均匀性以及不同运行条件下的水力影响，并对扩散器的水力设计进行验证和提供优化依据，并根据实际工程情况模拟不同流量下扩散器出流水力变化方式，提出喷口的封闭方案。

第9章 营口仙人岛港区
污水排海工程扩散器设计实例

9.1 工程概况

营口市仙人岛港区污水排海工程主要有两个污水排放源,一个是位于能源化工区的盖州市第二污水处理厂,另一个是位于港区的成品油及化工品储运工程综合污水处理厂,两个污水排放源在南防波堤上汇合后采用压力流形式进行深海排放。整个排海工程的近期污水排放量考虑为 $6920\,\mathrm{m}^3/\mathrm{d}$,远期为 $20\,000\,\mathrm{m}^3/\mathrm{d}$,其中港区污水处理厂的排放量为 $1920\,\mathrm{m}^3/\mathrm{d}$。

基于工程实际情况,污水排放量达到远期的 $20\,000\,\mathrm{m}^3/\mathrm{d}$ 还需要相当长的一段时间,如现在就按照远期污水量进行设计施工,则造成投资浪费和部分管道闲置,因此本研究主要针对近期排放量为 $6920\,\mathrm{m}^3/\mathrm{d}$ 进行研究设计,并综合考虑远期规划,在管道入海点和排放点预留相应远期接口。整体管道长度 $10.0\,\mathrm{km}$,其中陆域管线 $9.8\,\mathrm{km}$,海域管线 $0.2\,\mathrm{km}$。

9.2 扩散器设计基础资料

9.2.1 工程条件

污水排放量:近期最大排放量为 $6920\,\mathrm{m}^3/\mathrm{d}$,远期最大排放量为 $20\,000\,\mathrm{m}^3/\mathrm{d}$;
污水密度:$0.99\,\mathrm{g/cm}^3$;
污染物排放浓度:见表 9.2-1。

表 9.2-1 排污管线污染物排放浓度标准(单位:mg/L,不含 pH)

指标	pH	COD_{cr}	BOD_5	SS	NH_3-N	TN	TP	石油类	硫化物	挥发酚
标准	6~9	50	10	10	8	15	0.5	1	1	0.5

9.2.2 海洋条件

1. 潮汐

本港区潮流为规则半日潮,落潮历时大于涨潮历时,涨潮延时 5 小时 44 分,落潮延时 6 小时 42 分。

海域潮位情况如表 9.2-2 所示。

表 9.2-2　潮位特征值表

最高高潮位	5.08 m	平均潮差	4.37 m
最低低潮位	−1.06 m	最大潮差	4.37 m
平均高潮位	3.19 m	平均低潮位	0.73 m

2. 温度和盐度

仙人岛港区属海洋性气候,近海温度的日变化受气温变化和潮汐半日周期的影响,年平均气温在 14.1℃,极端最高气温为 34.7℃,极端最低气温为 −22.5℃。

近海海水平均盐度变化范围为 29.53‰～32.24‰,主要受陆地径流注入的影响,枯水期盐度较高,汛期盐度较低,梯度增大,但影响范围不大。海水密度为 1.025 g/cm³。

3. 潮流

港区潮流具有明显的往复性。涨潮流向 NNE,落潮流向 SSW,一般大潮流速大于小潮流速,涨潮流速大于落潮流速,国家海洋环境监测中心、国家海洋局海洋环境保护所近年进行了小潮和大潮的海流定点观测。观测表明港区附近小潮期间表、中层最大流速值为 0.58～0.62 m/s,底层 0.47～0.48 m/s,大潮期间表层最大流速值为 0.72～0.80 m/s,中层最大流速值为 0.62～0.68 m/s,底层 0.52～0.54 m/s。

4. 余流

根据以往观测资料统计结果表明,本海区余流流速值在 0.1～17.9 cm/s 之间,属于余流数值较小的海域。

5. 波浪

根据仙人岛临时观测站观测资料统计,仙人岛海域波况为:常波向为 SW 向,频率为 12.28%;次常波向为 N 向,频率为 11.48%;强浪向为 NNW 向,该向 $H_{1/10}>1.0$ m 出现频率为 2.08%,$H_{1/10}>1.5$ m 出现频率为 0.40%,全年 $H_{1/10}>1.0$ m 出现频率为 9.36%,$H_{1/10}>1.5$ m 出现频率为 1.60%。实测 $H_{1/10}$ 最大波高 2.0 m。实测周期统计结果:$T\leqslant3.0$ s 的频率为 63.6%,$T>3.0$ s 的频率为 29.43%,$T>4.0$ s 的频率为 5.84%,$T>5.0$ s 的频率为 0.16%。

6. 水深

排放点水深:9.2 m,喷口水深:8.2 m。

7. 水环境背景值

引用《营口港仙人岛港区南北防波堤工程环境影响报告(国环局审批稿)》对排放海域水环境的监测数据,排放海域水环境背景值见表 9.2-3。

表 9.2-3　营口仙人岛港区排污海域海水水质质量现状监测结果

项目	大 潮		小 潮	
	范围	平均值	范围	平均值
pH	8.0~8.2	8.10	7.9~8.1	8.06
溶解氧/(mg/L)	7.4~8.1	7.86	7.5~8.7	8.15
水温/℃	20.3~24	22.1	18.1~20.1	19.5
COD/(mg/L)	0.6~1.4	1.19	1.0~1.7	1.29
挥发酚	未检出	—	未检出	—
无机氮/(mg/L)	0.002~0.173	0.124	0.227~0.331	0.283
BOD/(mg/L)	0.78~2.13	1.175	0.96~2.53	1.862
石油类/(mg/L)	0.0017~0.0085	0.0027	0.002~0.013	0.004
PO_4-P/(mg/L)	0.0018~0.0061	0.0034	0.0018~0.0032	0.0025

9.2.3　排放海域环境功能区划

根据营口市近岸海域环境功能区划调整的复函(辽环函[2005]68 号),项目建设所处的海域功能区类别为Ⅳ类区,主要功能为港口作业区。

9.3　污水海洋处置工程的控制要求

污水海洋处置工程(也称排海工程)是污水在陆上经过一定处理后,再利用水下扩散器分散排入海洋。如使用得当,则可在不造成海洋污染的前提下,合理利用海洋的自然净化能力,适当降低污水在陆上的处理程度,从而节省处理费用。如使用不当,则会造成海洋污染,造成很大的损失,因此必须严格符合环境保护要求。

根据《污水海洋处置工程污染控制标准》(GB 18486-2001),结合地方主管部门的有关规定,并参考国内外的工程实例,对本工程环境保护的主要要求进行确定,以作为分析计算的基础,包括最小初始稀释度、混合区允许范围、设计达标稀释度等。

9.3.1　最小初始稀释度

初始稀释度是指污水由扩散器排出后,在出口动量和浮力作用下与环境水体混合并被稀释,在出口动量和浮力作用基本完结时污水被稀释的倍数。

空间某个位置的当地稀释度为

$$S = \frac{c_o - c_a}{c - c_a}$$

式中,S 为稀释度;c 为空间某个位置的污染物浓度;c_o 为污水排放的污染物浓度;c_a 为背景浓度;若 c_a 很小,也可以简化为

$$S = c_o/c$$

初始稀释度愈大,表示污水在近区的紊动掺混愈激烈,在较短的距离能与更多的环境水体相混合,因而形成的高浓度区也愈小,其对环境的损害也就愈小。

仙人岛港排海工程排放口位于渤海,海域水质要求达海水水质Ⅳ类标准。根据《污水海洋处置工程污染控制标准》(GB 18486-2001)中对污水海洋处置工程的初始度的规定,污水海洋处置排放点的选取和放流系统的设计应使其初始稀释度在一年90%的时间保证率下满足表9.3-1规定的初始稀释度要求。

表 9.3-1   90%时间保证率下初始稀释度要求

排放水域	海　　域	
水质类别	第三类	第四类
初始稀释度	45	35

注:对经特批在第二类海域划出一定范围设污水海洋处置排放点的情形,按90%保证率下初始稀释度≥55。

本次设计的初始稀释度执行其最高要求,即按90%保证率下初始稀释度≥35,还应满足安全稀释度要求。同时综合考虑水体环境要求,工程设计更要达到以安全稀释度包络范围小于或等于混合区的要求,在本工程中取40作为最小初始稀释度。

9.3.2　混合区允许范围

仙人岛石油化工区尾水排海工程排放口海域潮滩宽阔、海域开敞,根据《污水海洋处置工程污染控制标准》中有关混合区的规定,该工程的允许混合区范围≤3.0 km²。因此本海域混合区按3.0 km²考虑(扩散区中心1000 m半径范围内)为依据,半径1000 m以外海域执行海水水质四类标准。

9.3.3　设计达标稀释度

污水排放口附近允许有水质超标的混合区存在,但混合区边沿的水质浓度必须满足排放水域环境功能的水质目标要求,若排放水域外还有高功能水域,则污水在该水域边沿还必须满足高功能的水质目标要求。达到水质目标的稀释度称为达标稀释度。不同污染物、不同的水质目标,就有不同的达标稀释度,分析计算时以最大的稀释度作为依据,即为设计达标稀释度。根据排污海域分类,距离扩散器1000 m混合区外为四类海域,海水水质目标为四类海水水质。对主要污染物的达标稀释度分析计算,其结果列于表9.3-2中。

表 9.3-2　达标稀释度分析计算结果

污染物	标准浓度/(mg/L)	现状浓度/(mg/L)	排放浓度/(mg/L)	达标稀释度
COD	5	1.24	50	12.97
BOD	5	2.63	10	3.1
悬浮物	≤150	—	10	—
石油类	0.5	0.00335	1	2.0
挥发酚	0.05	0.001	0.5	10.2
氨氮	0.5	0.2035	5(8)	26.3
磷酸盐	0.045	0.00295	0.5	11.8

在主要污染物起控制作用的是 COD、氨氮和磷酸盐,在四类水质排污海域中,氨氮达标稀释度最大为26.3,由于其小于选取的最小初始稀释度,因此选用最小初始稀释度 40 作为本次计算中的设计达标稀释度。

9.4　扩散器初步设计计算

扩散器的物模试验、水力计算、水力试验和水质预测都先要初步估算扩散器的长度、上升管间距、喷口个数的范围,然后在此范围内确定若干方案进行详细研究。否则方案很多,工作量很大,特别是试验方案更要有所限制。

主要内容包括:扩散器长度范围计算分析、扩散器上升管间距计算分析、上升管喷口计算分析、喷口水平方位角分析、喷口射流角度分析等。

9.4.1　扩散器长度范围计算分析

扩散器长度范围根据初始稀释度要求和海流稀释能力,采用下列公式估算,并适当留有余地。

(1)扩散器最小长度(考虑全部水深参与混合):

$$L_{\min} = 1.1 \times \frac{[S]}{H} \times \frac{Q_e}{V}$$

(2)扩散器最大长度(考虑部分水深参与混合):

$$L_{\max} = 1.724 \times 1.1 \times \frac{[S]}{H} \times \frac{Q_e}{V}$$

式中,$[S]$为初始稀释度;Q_e为污水最大流量;H为水深(喷口距水面距离);V为余流流速。

根据排污海域的水质要求及初始稀释度进行计算,基于上述计算取得的扩散器的最大最小值,在留有余地的前提下确定扩散器的长度范围为:15~26 m。由于试验方案较多,在此范围内选取扩散器长度方案(18 m、22 m)进行物理模型试验,在此基础上确定扩散器方案。

9.4.2　扩散器的管径分析

扩散器的管径设计,考虑管内流速最小不小于 $0.6 \sim 0.9\,\text{m/s}$,同时管内流速不宜过大(一般应避免管内流速超过 $2.4 \sim 3.0\,\text{m/s}$),以免由于水头损失增加而提高工程的运行费用,本工程结合近期和远期的实际需要,根据以下公式计算可得其管径为 340 mm。

$$\gamma = \sqrt{\frac{Q}{\pi v}}$$

9.4.3　扩散器上升管间距计算分析

由浮射流扩散理论可知,要使圆形射流在最大高度发生干涉,喷口间距 s 应满足:

(1) Brooks 和 Wiullam 建议上升管间距 s,在静水条件下采用:

$$s = 0.3H$$

式中,H 为喷口至水面的高度。

(2) Agg Wakeford 研究表明,在动水条件下的上升管间距 s 为

$$s = H \times \left[0.3 + 0.4 \times \left(\frac{U_a}{V_j} \right)^{1/3} \right]$$

式中,U_a 为环境流速;V_j 为喷口流速。

就污染物扩散而言,相邻射流经一定距离后,会相互交汇,随着相邻射流间距减少到一定值,有可能交汇时两股射流都有动量,相互削减,掺混程度减小,稀释程度会减小,稀释效果会降低。因此比较大的上升管间距则有利于污水扩散,只是会增加工程费用。根据仙人岛港区附近海域的实际情况,考虑涨潮时的海水水位的变化,为了安全起见,可以取相对较大的上升管间距,推荐为 4.0 m,头尾部各留 1.0 m,本值将在物理模拟试验中验证。

9.4.4　上升管喷口计算分析

根据国内外工程实例,在保持排放量和喷口面积相等,即射流速度不变的情况下,起始稀释度随孔径的减小而增加,每根上升管布置多个喷口,可以减少耗资较大的上升管数量。喷口个数越多,越有利于稀释扩散。但随喷口个数的增加,其稀释倍数增加的幅度越来越小。

为了防止深水处喷口堵塞,应使扩散器各喷口满流,扩散器断面面积和扩散器断面下游喷口总面积应满足

$$\sum \frac{A_{Ri}}{A} \text{(其值介于 } 60\% \sim 70\%\text{)}$$

式中,A_{Ri} 为扩散器断面下游喷口总面积;A 为扩散器断面面积。

喷口设计的另一限制条件是：喷口直径受污水处理程度的制约。根据对国内外工程实例的研究表明，喷口直径应大于 8 cm，因为小的喷口直径虽可获得一定的稀释效果，但孔口堵塞的可能性大大增加。

同时为防止海水从喷口入侵扩散器，在静水条件下 Brooks 指出，喷口直径 d_j 和射流速度 V_j 应满足

$$F' = \frac{V_j}{\sqrt{g' d_j}} \geqslant 0.1$$

$$g' = \frac{\rho_a - \rho_0}{\rho_0} g$$

式中，ρ_a 为海水密度，g/cm^3；ρ_0 为污水密度，g/cm^3；g 为重力加速度，m/s^2。

喷口平均喷射流速的计算公式如下：

$$V_j = \frac{Q}{N \times n \times \frac{\pi}{4} d_j^2}$$

由上文可得，当扩散器长度为 18 m，上升管间距为 4.0 m，上升管管数为 5 支，考虑扩散要求，每支上升管设置两个喷口，则共有 10 个喷口；当扩散器长度为 22 m，上升管间距为 4.0 m，上升管管数为 6 支，考虑扩散要求，每支上升管设置两个喷口，则共有 12 个喷口。

9.4.5 喷口水平方位角分析

喷口水平方位角直接关系着污水射流路径和稀释扩散效果，根据国内外已有工程实例的研究可知，当 $\beta = 90°$ 即射流垂直于环境水流方向时，由于污水自喷口出流之后受到环境水流的强烈扰动而迅速在水流断面上扩展，与周围环境水体迅速掺混，稀释扩散效果明显；当 $\beta = 0°$ 即射流平行于环境水流方向时，虽然其冒顶时水平漂移距离最长，但由于受到水流夹带，污水云团来不及扩散，与周围环境水体接触较小，得不到充分的稀释扩散，所以稀释扩散较差。

对本工程，提出水平方位角为 0°、30°、90° 等三个方案，作为物理模拟试验方案来验证。

9.4.6 喷口射流角度分析

射流角度是影响污水近区稀释的重要因素之一，对起始稀释度的影响最大，但目前还没有一个完整的计算模式。根据工程实例可知，射流角度越大，射流射出后，由于水力绕流阻力的作用，射流慢慢弯曲，同时与横流慢慢交混，其宽度越来越大。射流角度向下，使上升距离增加，混合效果较好，但在与海床面距离较小时，有可能出流污水触底，将严重影响海底生物环境，一般不建议采用。

因此，对本工程，提出射流角度为 0°、10°、15° 等三个方案，作为物理模拟试验的方案来验证。

9.4.7　成果

根据《污水海洋处置工程污染控制标准》（GB18486-2001），结合本工程的环境保护要求和排放海域的环境参数及相关计算模式，通过理论研究计算，参考国内外工程实例，在本部分中根据计算结果，按照不同扩散器长度、上升管间距、上升管数量、上升管喷口数、水平方位角和射流角度等参数，提出18种扩散器初步设计方案，为物理模拟试验研究提供技术支持和参考依据，见表9.4-1。

表 9.4-1　扩散器初步设计方案

扩散器长度		18 m			22 m		
上升管间距		4.0 m					
上升管数量		5 支			6 支		
上升管喷口数		2 个					
水平方位角		0°	30°	90°	0°	30°	90°
射流角度	0°	√	√	√	√	√	√
	10°	√	√	√	√	√	√
	15°	√	√	√	√	√	√

9.5　扩散器环境效应数值模拟计算

本工程因污水水质简单，因此在进行污染物水环境预测模拟时只针对 COD 及石油类进行计算。

9.5.1　拟选排污口污水中 COD 对水环境的影响预测

本工程深海排放污水中 COD 预测计算时，采用污染物扩散方程对 COD 扩散连续进行大、中、小潮组合的 30 个潮周计算，并将计算结果叠加 COD 本底值。

1. 近期污水排海对水环境影响预测

计算中 COD_{Cr} 与 COD_{Mn} 的换算关系考虑为 2.5，根据资料该海域 COD 本底值约为 2.0 mg/L，近期排放量为 30 000 m³/d，COD_{Cr} 排放浓度为 50 mg/L，污水中 COD_{Mn} 排放量为 0.6 t/d；预测计算时以此作为计算源强。根据 COD 预测计算数据，按 COD 最大影响范围统计的预测计算结果见图 9.5-1 至图 9.5-3 及表 9.5-1。

表 9.5-1　近期污水排放 COD 对水环境影响分析

排污口位置	不同浓度最大可能影响面积/hm²		
	>5 mg/L	>4 mg/L	>3 mg/L
A	局部	局部	0.31

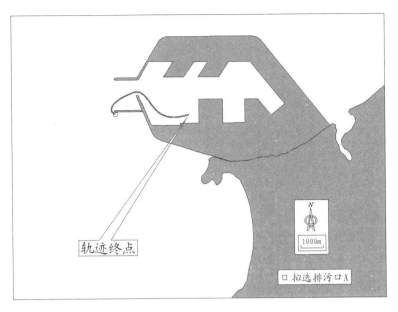

图 9.5-1　拟选排污口 A 物质迁移轨迹(大潮涨)

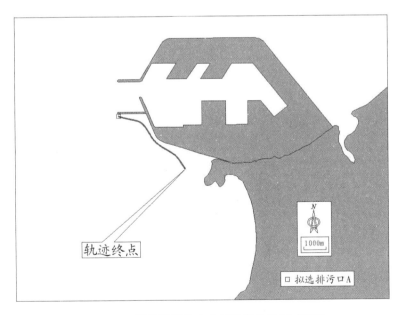

图 9.5-2　拟选排污口 A 物质迁移轨迹(大潮落)

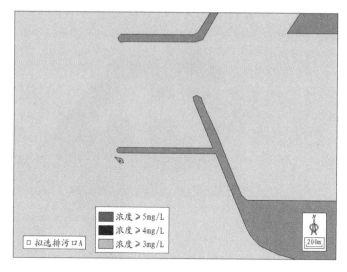

图 9.5-3　近期污水排放 COD$_{Mn}$对水环境影响包络

2. 远期污水排海对水环境影响预测

远期排放量为 130 000 m³/d,COD$_{Cr}$排放浓度为 50 mg/L,污水中 COD$_{Mn}$排放量为 2.6 t/d;预测计算时以此作为计算源强。根据 COD 预测计算数据,按 COD 最大影响范围统计的预测计算结果见图 9.5-4 及表 9.5-2。

表 9.5-2　近期污水排放 COD 对水环境影响分析

排污口位置	不同浓度最大可能影响面积/hm²		
	>5 mg/L	>4 mg/L	>3 mg/L
A	0.88	3.06	43.76

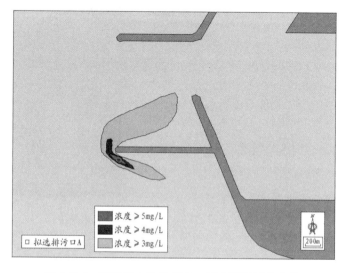

图 9.5-4　远期污水排放 COD$_{Mn}$对水环境影响包络

3. 小结

在数值模拟过程中经过 10 个潮周计算 COD 最大影响范围已基本稳定,可见对污染物 COD 的数值模拟时间长度是足够的。为了方便比较各拟选排污口影响大小,把近、远期污水排放 COD_{Mn} 影响范围综合在一起。

从近期排污量的预测结果来看,拟选排污口只有较少量 COD_{Mn} 浓度超过 4 mg/L 的水体。从远期排污量的预测结果来看,从拟选排污口排放时 COD_{Mn} 浓度超过 4 mg/L 的水体面积最小,这充分说明,拟选排污口污染物的扩散效果较好,能够满足国家环保要求。

9.5.2 拟选排污口污水中石油类对水环境的影响预测

本工程深水排放污水中石油类预测计算时,采用污染物扩散方程对石油类扩散连续进行大、中、小潮组合的 30 个潮周计算,并将计算结果叠加石油类本底值。

1. 近期污水排海对水环境影响预测

根据近期实测资料该海域石油类本底值约为 0.014 mg/L,近期排放量为 30 000 m³/d,石油类排放浓度为 1 mg/L,污水中石油类排放量为 0.03 t/d;预测计算时以此作为计算源强。根据石油类预测计算数据,按石油类最大影响范围统计的预测计算结果见图 9.5-5 及表 9.5-3。

表 9.5-3 近期污水排放石油类对水环境影响分析

排污口位置	不同浓度最大可能影响面积/hm²		
	>0.5 mg/L	>0.3 mg/L	>0.05 mg/L
A	局部	局部	0.03

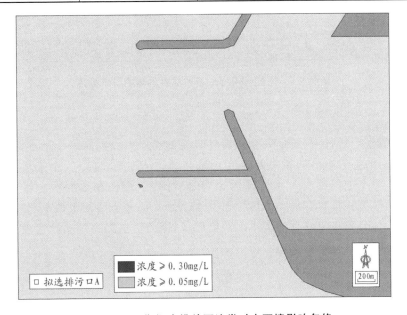

图 9.5-5 近期污水排放石油类对水环境影响包络

2. 远期污水排海对水环境影响预测

远期排放量为 $130\,000\,\text{m}^3/\text{d}$,石油类排放浓度为 $1\,\text{mg/L}$,污水中石油类排放量为 $0.13\,\text{t/d}$;预测计算时以此作为计算源强。根据石油类预测计算数据,按石油类最大影响范围统计的预测计算结果见图 9.5-6 及表 9.5-4。

表 9.5-4　远期污水排放石油类对水环境影响分析

排污口位置	不同浓度最大可能影响面积/hm²		
	>0.5 mg/L	>0.3 mg/L	>0.05 mg/L
A	局部	局部	10.20

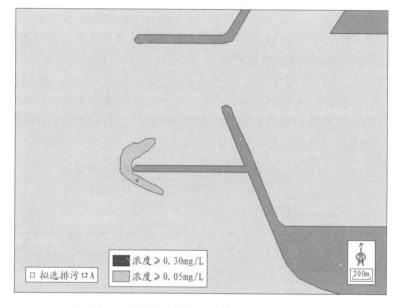

图 9.5-6　远期污水排放石油类对水环境影响包络

3. 小结

在数值模拟过程中经过 10 个潮周计算石油类最大影响范围已基本稳定,说明对污染物石油类的数值模拟时间长度是足够的。从近期、远期两个排污量的预测结果来看,污水中石油类对水环境的影响是有限的,即使在远期污水排放量情况下,设置扩散器的位置石油类浓度大于 $0.05\,\text{mg/L}$ 的水体面积也都不超过 $11\,\text{hm}^2$,究其原因,是因为该海域石油类本底浓度较低,因此扩散器的污水出流效果满足国家标准要求,技术上是可行的。

9.6 扩散器近区稀释扩散物模试验分析

9.6.1 研究内容

根据扩散器初步设计成果,进行模型设计。确定扩散器长度、上升管间距、上升管数量、上升管喷口数、水平方位角和射流角度等参数,研究扩散器近区稀释扩散情况;为工程设计提供技术支持和参考依据。

主要工作内容如下:

(1) 确定试验基本参数并进行模型设计及试验;

(2) 对试验数据进行分析,研究扩散器近区稀释扩散情况;

(3) 确定扩散器各项参数。

9.6.2 扩散器参数

根据第一节设计结果,对该结果提出的扩散器设计方案进行筛选,试验用扩散器的基本参数见表 9.6-1,其选取的试验扩散器方案组以表中"√"表示。

表 9.6-1 扩散器近区试验方案

扩散器长度		18 m			22 m	
上升管间距			4.0 m			
上升管数量		5 支			6 支	
上升管喷口数			2 个			
水平方位角	0°	30°	90°	0°	30°	90°
射流角度	0°	√	√	√	√	√	√
	10°	√	×	×	√	×	×
	15°	√	×	×	√	×	×

9.6.3 试验方案设计

按照扩散器不同长度、水平方位角和射流角度等方案进行 10 组试验。

1. 不同水平方位角试验方案

研究扩散器不同水平方位角对稀释度的影响,共进行 6 组试验,试验扩散器的原形参数如表 9.6-2(0°表示射流平行于水流方向)。

表 9.6-2 不同水平方位角试验方案

扩散器长度		18 m			22 m	
上升管数量		5 支			6 支	
射流角度		0°			0°	
水平方位角	0°	30°	90°	0°	30°	90°
试验方案	方案 1	方案 2	方案 3	方案 4	方案 5	方案 6

2. 不同射流角度试验方案

研究扩散器不同射流角度对稀释度的影响,共进行 6 组试验,试验扩散器的原形参数如表 9.6-3。

表 9.6-3　不同射流角度试验方案

扩散器长度	18 m			22 m		
上升管数量	5 支			6 支		
水平方位角	0°			0°		
射流角度	0°	10°	15°	0°	10°	15°
试验方案	方案 1	方案 7	方案 8	方案 4	方案 9	方案 10

3. 不同扩散器长度试验方案

研究扩散器不同长度对稀释度的影响,根据试验 1、2 的结果,在选择最佳水平方位角和射流角度的基础上,共进行 2 组试验。试验扩散器的原形参数如表 9.6-4 所示。

表 9.6-4　不同扩散器长度试验方案

扩散器长度	18 m	22 m
上升管数量	5 支	6 支
水平方位角	0°	0°
射流角度	0°	0°

9.6.4　试验数据分析

按照试验所得的数据进行分析计算,并将部分试验成果示于表 9.6-5～表 9.6-12 和图 9.6-1～图 9.6-7。

1. 不同水平方位角试验数据分析

（1）水平方位角为 0°的试验结果（列于表 9.6-5）

表 9.6-5　水平方位角为 0°试验结果

潮　汐	扩散器长度	稀释倍数			
		50 m	100 m	250 m	400 m
涨潮	18 m	81	84	98	106
	22 m	98	106	104	120
落潮	18 m	90	92	111	122
	22 m	102	107	118	129
憩流	18 m	扩散范围：0.023 km²			
	22 m	扩散范围：0.019 km²			

（2）水平方位角为30°的试验结果（列于表9.6-6）

表9.6-6 水平方位角为30°试验结果

潮 汐	扩散器长度	稀释倍数			
		50 m	100 m	250 m	400 m
涨潮	18m	98	104	107	115
	22m	121	129	131	142
落潮	18m	105	108	115	127
	22m	126	131	115	127
憩流	18m	扩散范围：0.025 km²			
	22m	扩散范围：0.027 km²			

（3）水平方位角为90°的试验结果（列于表9.6-7）

表9.6-7 水平方位角为90°试验结果

潮 汐	扩散器长度	稀释倍数			
		50 m	100 m	250 m	400 m
涨潮	18 m	112	121	137	150
	22 m	130	132	141	153
落潮	18 m	116	123	142	157
	22 m	135	136	147	164
憩流	18 m	扩散范围：0.031 km²			
	22 m	扩散范围：0.034 km²			

2. 不同射流角度试验数据分析

（1）射流角度为15°的试验结果（列于表9.6-8）

表9.6-8 射流角为15°试验结果

潮 汐	扩散器长度	稀释倍数			
		50 m	100 m	250 m	400 m
涨潮	18 m	60	49	40	38
	22 m	71	73	79	83
落潮	18 m	65	58	54	47
	22 m	77	80	74	69
憩流	18 m	扩散范围：0.037 km²			
	22 m	扩散范围：0.045 km²			

（2）射流角度为 10°的试验结果（列于表 9.6-9）

表 9.6-9　射流角为 10°试验结果

潮　汐	扩散器长度	稀释倍数			
		50 m	100 m	250 m	400 m
涨潮	18 m	73	75	84	97
	22 m	90	98	102	117
落潮	18 m	79	84	93	105
	22 m	93	97	111	124
憩流	18 m	扩散范围：0.034 km²			
	22 m	扩散范围：0.041 km²			

（3）射流角度为 0°的试验结果（列于表 9.6-10）

表 9.6-10　射流角为 0°试验结果

潮　汐	扩散器长度	稀释倍数			
		50 m	100 m	250 m	400 m
涨潮	18 m	81	84	98	106
	22 m	98	106	104	120
落潮	18 m	90	92	111	122
	22 m	102	107	118	129
憩流	18 m	扩散范围：0.023 km²			
	22 m	扩散范围：0.019 km²			

3. 不同扩散器长度试验数据分析

（1）扩散器长度为 18 m、水平方位角 0°、射流角度 0°的试验结果（列于表 9.6-11）

表 9.6-11　扩散器长度 18 m、水平方位角 0°、射流角度 0°试验结果

潮　汐	稀释倍数			
	50 m	100 m	250 m	400 m
涨潮	81	84	98	106
落潮	90	92	111	122
憩流	扩散范围：0.023 km²			

（2）扩散器长度为 22 m、水平方位角 0°、射流角度 0°的试验结果（列于表 9.6-12）

表 9.6-12　扩散器长度 22 m、水平方位角 0°、射流角度 0°试验结果

潮　汐	稀释倍数			
	50 m	100 m	250 m	400 m
涨潮	98	106	104	120
落潮	102	107	118	129
憩流	扩散范围：0.019 km²			

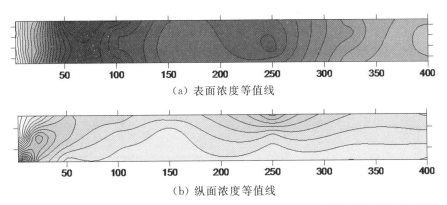

（a）表面浓度等值线

（b）纵面浓度等值线

图 9.6-1 表层、轴线浓度等值线（扩散器 18 m、水平方位角为 0°、射流角度为 0°、涨潮）

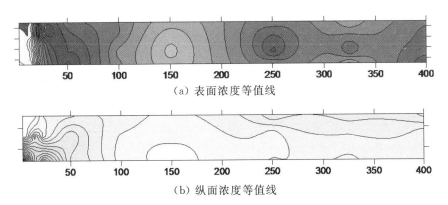

（a）表面浓度等值线

（b）纵面浓度等值线

图 9.6-2 表层、轴线浓度等值线（扩散器 18 m、水平方位角为 30°、射流角度为 0°、涨潮）

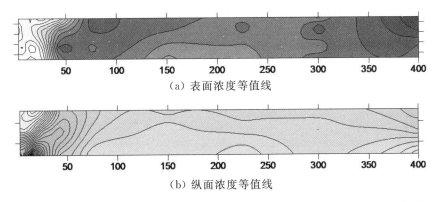

（a）表面浓度等值线

（b）纵面浓度等值线

图 9.6-3 表层、轴线浓度等值线（扩散器 18 m、水平方位角为 90°、射流角度为 0°、涨潮）

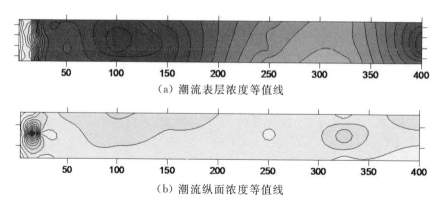

（a）潮流表层浓度等值线

（b）潮流纵面浓度等值线

图 9.6-4　表层、轴线浓度等值线（扩散器 18 m、水平方位角为 0°、射流角度为 10°、涨潮）

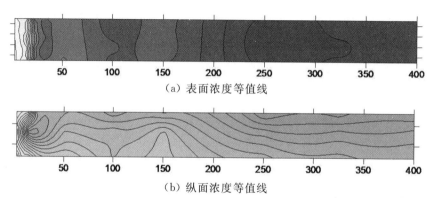

（a）表面浓度等值线

（b）纵面浓度等值线

图 9.6-5　表层、轴线浓度等值线（扩散器 18 m、水平方位角为 0°、射流角度为 15°、涨潮）

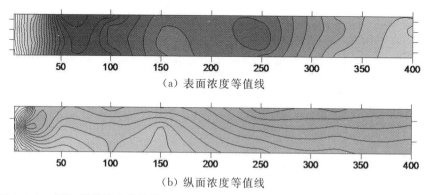

（a）表面浓度等值线

（b）纵面浓度等值线

图 9.6-6　表层、轴线浓度等值线（扩散器 18 m、水平方位角为 0°、射流角度为 0°、落潮）

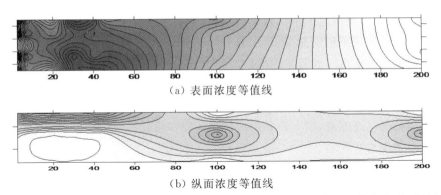

(a) 表面浓度等值线

(b) 纵面浓度等值线

图 9.6-7 表层、轴线浓度等值线（扩散器 18 m、水平方位角为 0°、射流角度为 0°、憩流）

9.6.5 试验成果

1. 不同水平方位角对稀释扩散的影响

试验表明，污水水平射流路径及稀释扩散与喷口水平方位角有直接的关系，当水平方位角为 0°、30°和 90°时，稀释度均可达到设计的环保要求。

当水平方位角为 90°时，即射流垂直于环境水流方向，污水初始稀释扩散最好；主要是因为污水自喷口出流之后受到环境水流的强烈扰动而迅速在水流断面上扩展开来，与周围环境水体迅速掺混，初始稀释扩散效果明显。但由于本工程的环境水深较小，因此容易在水面形成污水场，不利于污水的再稀释扩散，影响环境。

当水平方位角为 30°和 90°时，均存在水面污水场，但污水场对环境的影响随着角度的减小而减小。

当水平方位角为 0°时，即射流平行于环境水流方向，污水初始稀释扩散稍差；但由于受到水流夹带，其冒顶时水平漂移距离较长，不容易在水面形成污水场。

因此，为了防止水面形成不利的污水场；本工程采用扩散器的水平方位角推荐为 0°，即射流平行于环境水流方向。

2. 不同射流角度对稀释扩散的影响

试验表明，射流角度是影响污水近区稀释的重要因素之一。纵向扩散形状与射流角度有关，射流与垂线角度越大，射流射出后，由于水力绕流阻力的作用，射流慢慢弯曲，在此同时，射流与横流慢慢交混，其宽度越来越大。

当射流角度为 0°时，由于水平方位角为 0°，一些污水云团由于受到水流夹带，漂移距离过长，影响其稀释扩散。

当射流角度为 15°时，由于工程的环境水深较小，污水上升到水面的时间较短，容易在水面形成污水场，影响其稀释扩散。

当射流角度为 10°时，在环境水流的强烈扰动下，不易形成某一污水云团，且具有一定的漂移距离，不容易在水面形成污水场，可取得较好的稀释扩散效果。

由不同射流角度的试验结果可知，喷口射流角度越大，污水到达水面时的水平迁移距离越短，尽管在到达水面之前的相同距离内，大喷口射流角度优于小喷口射流角度,但由于大喷口射流过早冒顶,特别对于水浅情况,大角度射流 10°、15°污水有可能在表面形成不稳定流态,其水面处的稀释度反而不如小喷口射流角度。

而且国内污水近海处置工程排放口处水域浅,为了防止污水过早冒顶,影响近区初始稀释效果,同时防止发生触底现象,喷口射流角度不宜过大也不宜太小,而对于 $\Delta\rho>0$(海洋排放),因为存在浮力,射流角度一般取 0°即可。

综合考虑上述因素,本工程采用扩散器的喷口角度推荐为 0°左右,即射流方向与水平面夹角为 0°左右。

3. 不同扩散器长度对稀释扩散的影响

试验表明,扩散器的长度对初始稀释度有明显的影响;初始稀释度随着扩散器长度的增加而增加。以上两种扩散器长度均能满足初始稀释度要求,考虑到工程经济、技术和环境等多方面因素,扩散器长度选用 18 m 即可满足设计初始稀释度的要求。

通过试验发现,各上升管污水在冒顶时基本混合,说明上升管个数的设计能满足要求。

9.6.6 结论

根据以上不同水平方位角对稀释扩散的影响、不同射流角度对稀释扩散的影响、不同扩散器长度对稀释扩散的影响等试验结果进行综合分析,对扩散器排污在各种潮流流态下对近区水质的影响进行预测,憩流时存在一定的超标区,但随着潮流很快就稀释扩散。从表中可以看出,各项指标均符合标准要求。综合考虑工程投资、现场环境等因素,本工程推荐的扩散器各项参数为:

扩散器长度:18 m;上升管数:5 支;各上升管开孔数:2 个;水平方位角:0°(与环境水流方向平行);射流角度:0°(水平射流)。

9.7 扩散器水力计算

9.7.1 有关参数

1. 管道粗糙系数

本工程选用钢管,考虑防腐处理,管道的粗糙系数取 $n=0.011$,粗糙度按 0.0011 m 计算。

2. 扩散器长度

根据海域功能区划和污水排放初始稀释度要求,选取扩散器计算长度为 18.0 m。

3. 扩散器内径

扩散器内水平管首段管径为 0.34 m,往下变径依次为 0.26 m,根据计算比较需要确定各变径及变径的长度。

4. 上升管与喷口

根据初始稀释度要求的扩散器可能长度变化区间,计算上升管数分别为 5 根,上升管间距为 4.0 m,上升管管径为 0.2 m,为保证射流出流的角度,采用导流管来引流,导流管管径为 0.1 m、0.11 m。采用上升管-双喷口形式。

5. 海水密度与污水密度

扩散器所在海域海水密度 $\rho_o = 1.025$;排放污水密度 $\rho_s = 0.99$。

6. 喷口以上水深

设计确定喷口以上水深为 8.2 m(设计水位条件下)。

7. 污水排放量

设计污水量根据提供的资料确定为 $2 \times 10^4 \, \text{m}^3/\text{d}$。

8. 喷射角度

因为是海洋排放,污水密度小于海水密度,存在浮力,且该工程排污海域水深比较小,根据扩散器近区污染物稀释扩散研究分析结果,在计算中取射流角度为 0°。

9.7.2 计算模型设计

1. 计算模型

计算模型为污水排海扩散器,该扩散器管道的长度为 18.0 m,首段内径为 0.34 m,其上每隔 4 m 布置一上升管,共有 5 根,从入口端开始依次记为 1#~5#,每根上升管设有 2 个导流管喷口,图 9.7-1 为计算模型图。

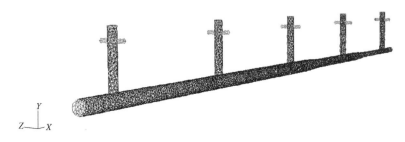

图 9.7-1 计算模型图

2. 边界条件的确定

表 9.7-1 列出了模拟计算所采用的边界条件。

表 9.7-1 边界条件汇总

计算区域边界	标准 $k\text{-}\varepsilon$ 模型
入流边界	Mass-flow-inlet
出流边界	Pressure-outlet
侧壁流体边界	无滑边界条件
顶部流体边界	无滑边界条件

3. 网格生成

网格剖分时,根据实际需要,采用不同的生成方式,最后所得网格类型:部分为结构网格,部分为非结构网格,体网格数平均在 100 万个左右。图 9.7-2 和 9.7-3 为计算区域总体网格图和局部网格分布图。

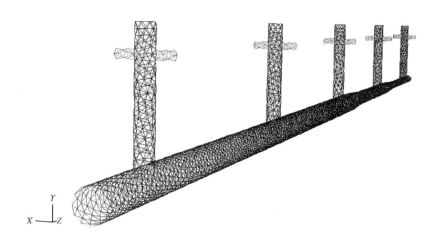

图 9.7-2　计算区域总体网格图

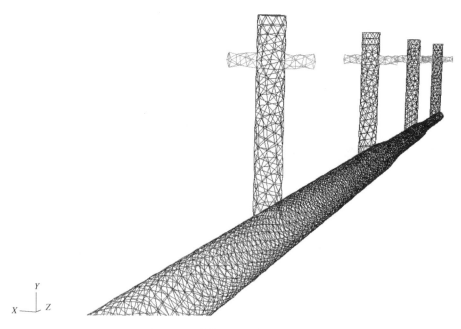

图 9.7-3　计算区域局部网格分布图

9.7.3 数值模拟计算结果

计算结果如图 9.7-4～9.7-11,分别为整个扩散器沿扩散管轴线纵截面水流速度流场图和 5 个上升管对应的截面水流速度流场图。

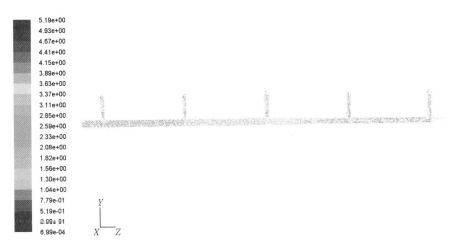

图 9.7-4 扩散器全局沿扩散管轴线纵截面速度流场图

图 9.7-5 1♯上升管沿扩散管轴线纵截面速度流场图

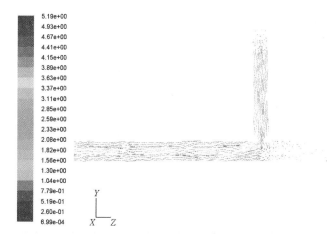

图 9.7-6　5♯上升管沿扩散管轴线纵截面速度流场图

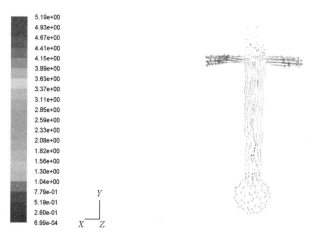

图 9.7-7　1♯上升管垂直扩散管轴线纵截面速度流场图

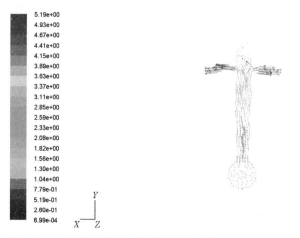

图 9.7-8　2♯上升管垂直扩散管轴线纵截面速度流场图

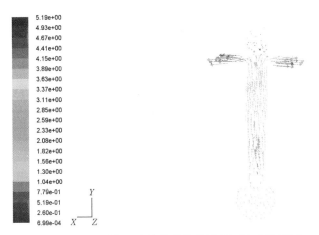

图 9.7-9 3♯上升管垂直扩散管轴线纵截面速度流场图

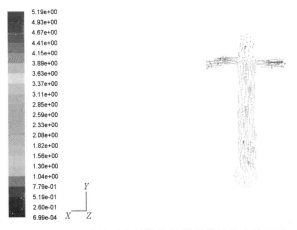

9.7-10 4♯上升管垂直扩散管轴线纵截面速度流场图

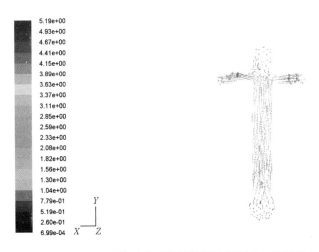

图 9.7-11 5♯上升管垂直扩散管轴线纵截面速度流场图

9.7.4 扩散器的出流量、出流均匀性及水头损失计算

扩散器水头损失计算结果如表9.7-2所示。

表9.7-2 扩散器水力计算成果表

$D=0.20\,\text{m}$ $P_1=8.5\%$ $P_2=-9.8\%$ $Q=0.2315\,\text{m}^3/\text{s}$

上升管	1#		2#		3#		4#		5#	
喷口	A	B	A	B	A	B	A	B	A	B
喷口直径/m	0.1						0.11			
上升管进口局部阻力系数	2.327						2.204			
总压头 E/m	21.0		20.73		20.55		20.31		20.19	
喷口出流/(L/s)	22.37		21.74		21.65		24.62		25.0	
水平管直径/m	0.34						0.26			
上升管间距/m	4.0									
水平管内流速/(m/s)	2.54		2.05		1.57		1.87		0.94	
喷口污水流速/(m/s)	2.85		2.77		2.76		2.59		2.63	
密度佛汝德数	15.3		14.9		14.8		13.77		13.98	
水头损失/m										

9.7.5 临界入侵流量及临界冲洗流量计算

1. 临界入侵流量

根据8.4.3节内容,计算扩散器的临界入侵流量 Q_I,结果如表9.7-3所列。

表9.7-3 扩散器的临界入侵流量计算表

上升管序号		1#	2#	3#	4#	5#
喷口(导流管)直径 D_p/m		0.1			0.11	
喷口临界流速 V_p/(m/s)		0.372			0.391	
临界入侵流量 Q_I/(m³/s)	q_c	0.0175			0.0148	
	$Q_I=\sum q_c$	0.0324				

2. 临界冲洗流量

(1) 循环阻塞

根据8.4.3节内容,计算水平管和上升管的摩阻系数 ϕ 值如表9.7-4所示。

表 9.7-4 不同管径组合的摩阻系数

水平管	D/m	0.34	0.26
	$\phi_{水平管}$	0.0216	0.0236
上升管	D_r/m	0.20	
	$\phi_{上升管}$	0.0258	
	ϕ	0.474	0.494

本方案中发生循环阻塞时的临界冲洗流量计算结果见表 9.7-5。

表 9.7-5 循环阻塞的临界冲洗流量计算结果表（$D_r = 0.204$ m）

上升管序号		1#	2#	3#	4#	5#
水平管直径 D/m		0.34			0.26	
水平管、上升管的摩阻系数		0.474			0.494	
临界冲洗密度佛汝德数 F_c		3.09			3.087	
喷口（导流管）直径 D_p/m		0.1			0.11	
临界流速 $V_c/(m/s)$		0.575			0.603	
临界冲洗流量 /(m^3/s)	Q_p	0.0271			0.0229	
	$Q_p = \sum q_p$	0.05				

（2）盐水楔阻塞

本方案中发生盐水楔阻塞时的临界冲洗流量计算结果见表 9.7-6。

表 9.7-6 盐水楔阻塞的临界冲洗流量计算结果表

上升管序号		1#	2#	3#	4#	5#
上升管直径 D_r/m		0.2				
水平管直径 D/m		0.34			0.26	
水平管的沿程阻力系数		0.0216			0.0236	
上升管的局部阻力系数		2.327			2.204	
临界冲洗密度佛汝德数 F_c		2.55			2.07	
喷口（导流管）直径 D_p/m		0.1			0.11	
临界流速 $V_c/(m/s)$		0.48			0.39	
临界冲洗流量 /(m^3/s)	Q_p	0.0226			0.0148	
	$Q_p = \sum q_p$	0.0374				

（3）临界冲洗流量 Q_p

比较循环阻塞的临界冲洗流量（表 9.7-5）和盐水楔阻塞的临界冲洗流量（表 9.7-6）说明，冲洗时因海水入侵而形成的循环阻塞所需的污水排放流量大于因海水入侵而形成的所需的污水排放流量,故在工程设计中,先以冲洗循环阻塞为控制条件。

9.7.6 小结

扩散器净长度为18.0 m,上升管数分别为5根,上升管间距为4.0 m,其主要水力特征见表9.7-7所示。

表9.7-7 扩散器主要水力特征表($Q=833.3 \, \text{m}^3/\text{h}$)

上升管序号	1#		2#		3#		4#		5#	
喷口序号	A	B	A	B	A	B	A	B	A	B
喷口出流量/(L/s)	22.37		21.74		21.65		24.62		25.0	
水平管内流速 V/(m/s)	2.543		2.05		1.57		1.87		0.94	
喷口污水流速 V_p/(m/s)	2.85		2.77		2.76		2.59		2.63	
出流不均匀度	$P_1=8.5\%$　　$P_2=-9.8\%$									
不淤排放流量/(m³/s)	0.0544									
临界入侵流量/(m³/s)	0.0324									
临界冲洗流量/(m³/s)	0.05									

9.8 扩散器水力物模试验分析

9.8.1 研究内容

通过扩散器水力模型性能试验检验扩散器的喷口出流均匀性及阻力损失以及不同运行条件下的水力影响,并对扩散器的水力设计进行验证和提供优化依据。

9.8.2 基本参数

污水排放量:$2×10^4 \text{m}^3/\text{d}$;扩散器长度:18.0 m;上升管高度:1.0 m;上升管个数:5个;喷口总数:10个;喷口直径:0.1 m、0.11 m。

9.8.3 试验方案设计

根据扩散器设计方案,共进行3组次试验(表9.8-1)。
第一组:5根上升管,共进行5次试验;
第二组:4根上升管,将1#上升管堵塞,共进行5次试验;
第三组:5根上升管,改变上升管内径后,共进行5次试验。

表 9.8-1 水平放流管及上升管、导流管内径的原形、模型尺寸及实测值的比较（单位：mm）

原形上升管内径 $D_r = 200 \text{ mm}$ 模型实测上升管内径 $D_r = 200 \text{ mm}$

项　目		1#		2#		3#		4#		5#	
		A	B	A	B	A	B	A	B	A	B
原型	放流管	340		340		340		260		260	
	导流管	100		100		100		110		110	
模型设计	放流管	34		34		34		26		26	
	导流管	10		10		10		11		11	
模型实测	放流管	35		35		35		25		25	
	导流管	10		10		10		10		10	
换算原型	放流管	350		350		350		250		250	
	导流管	100		100		100		100		100	

9.8.4　试验结果分析

1. 出流均匀性分析

（1）从表 9.8-2 第一组试验成果可以看出，出流不均匀度接近±10%，不能满足要求。从每根上升管喷口的流量分析，1#上升管喷口流量偏小，说明全部上升管采用同一直径是不合适的。

（2）从表 9.8-3 第二组试验成果可以看出，出流不均匀度在±3%左右，能够很好地满足要求。

（3）当增大 1#上升管管径，再进行试验，从表 9.8-4 第四组试验成果可以看出，出流不均匀度 $P_1 = 6.6\%$、$P_2 = -6.8\%$在±（5%～10%）内，可以满足设计要求。

表 9.8-2 喷口出流均匀性试验分析成果汇总表（第一组试验，5 根上升管）

	上升管序号	喷口	1	2	3	4	5
喷口出流流量/ (mL/s)	1#	A	115.96	111.22	99.17	92.41	92.14
		B	109.6	105.65	104.64	97.26	96.85
	2#	A	118.16	113.55	104.86	99.74	95.32
		B	117.05	112.12	106.71	101.25	96.41
	3#	A	116.36	111.85	98.27	92.7	86.95
		B	110.21	106.12	104.22	98.78	92.19
	4#	A	112.38	109.32	100.55	95.04	90.01
		B	111.39	108.52	101.41	95.73	90.89
	5#	A	94.97	90.33	94.07	90.77	86.14
		B	106.76	101.96	84.05	80.33	76.26
Q/(L/s)			1.11286	1.07065	0.99795	0.944035	0.903185
原形 Q/(m³/h)			4006.296	3854.34	3592.62	3398.526	3251.466
P_1/(%)			5.6782	5.3892	5.9998	6.4526	6.1438
P_2/(%)			−9.362	−10.199	−10.757	−9.373	−10.093

表 9.8-3　喷口出流均匀性试验分析成果汇总表(第二组试验,4 根上升管,1#堵)

上升管序号			1	2	3	4	5
喷口出流流量/（mL/s）	1#	A	116.65	110.7	105.56	94.24	85.775
		B	110.29	104.975	100.145	89.44	81.29
	2#	A	109.315	104.22	99.91	89.73	83.715
		B	109.525	104.135	100.69	90.725	84.275
	3#	A	108.195	104.165	98.385	91.02	83.675
		B	114.975	110.315	104.49	95.895	88.36
	4#	A	116.91	111.435	105.56	97.68	88.04
		B	113.285	107.38	102.25	93.715	84.99
	5#	A	—	—	—	—	—
		B	—	—	—	—	—
Q/(L/s)			0.899 145	0.857 325	0.816 99	0.742 445	0.680 12
原形 Q/(m³/h)			3236.922	3086.37	2941.164	2672.802	2448.432
P_1/(%)			2.4062	2.0920	1.7442	3.1161	1.7644
P_2/(%)			−2.645	−2.788	−1.786	−2.778	−1.744

表 9.8-4　喷口出流均匀性试验分析成果汇总表(第三组试验,5 根上升管)

上升管序号			1	2	3	4	5
喷口出流流量/（mL/s）	1#	A	123.25	112.165	104.235	96.92	88.475
		B	128.57	120.8	111.165	101.83	92.82
	2#	A	109.575	102.065	98.27	91.38	82.39
		B	116.925	106.96	102.345	97.705	87.94
	3#	A	114.06	115.92	98.97	92.745	84.875
		B	120.145	112.2	102.63	101.295	90.625
	4#	A	119.115	105.68	100.335	95.585	87.355
		B	124.35	111.465	103.3	99.515	91.61
	5#	A	127.905	113.99	104.76	98.6	90.185
		B	131.235	117.755	106.9	100.225	92.225
Q/(L/s)			1.21513	1.119	1.03291	0.9758	0.8885
原形 Q/(m³/h)			4374.468	4028.4	3718.476	3512.88	3198.6
P_1/(%)			6.6306	4.0952	4.2685	1.8779	2.6505
P_2/(%)			−6.800	−6.602	−2.888	−3.113	−4.147

根据计算的扩散器总水头损失与试验中流量相近的水头损失进行比较如下：

① 计算

流量：$0.23148\,\mathrm{m^3/s}$；扩散器总水头损失：$\Delta h=81\,\mathrm{cm}$。

② 试验

流量：$0.733\,\mathrm{L/s}$；扩散器总水头损失：$\Delta h=89.2\,\mathrm{cm}$；

误差：$P=\dfrac{89.2-81}{81}\times100\%=10.12\%$。

9.8.5 小结

根据初步分析计算,本试验设计的模型及选用的模型比例尺可以满足工程设计的要求,模型采用体积法测量喷口出流量、用测压管量测各点的测压管水位,计算水头损失,均具有足够的精度,在多次测量中有很好的重复性(图9.8-1)。

在喷口出流均匀性试验中,取得了满意的成果,根据分析研究模型的试验成果为扩散器的优化设计提高了依据。

从扩散器水平管与上升管的水头损失和阻力系数试验中,验证了扩散器水力设计中采用的局部阻力系数是合适的。

表9.8-5 局部阻力系数试验成果表(5根上升管,上升管间距4.0m)

序 号	$Q/(\text{L/s})$	渐变段
1	1.215 13	0.264
2	1.119	0.262
3	1.032 91	0.258
4	0.975 8	0.251
5	0.888 5	0.241
6	1.112 86	0.259
7	1.070 65	0.248
8	0.997 95	0.246
9	0.944 035	0.243
10	0.903 185	0.242
$\sum$	—	2.514
平均$\bar\zeta$	—	0.2514
设计ζ	—	0.245
$V\zeta$	—	0.0064
$P=\overline{\Delta\zeta}\times100\%$	—	2.69

(1) 长度为18.0m的扩散器能满足初始稀释度、出流均匀性、水头损失小、出流密度佛汝德数大于$\sqrt{2}$、喷口面积与相应水平管截面积比、总出流量与设计污水排放量相适应等要求。

(2) 工程污水排放量0.2315 m³/s大于海水临界入侵流量(0.0324 m³/s),放在正常排放条件下,不会发生海水入侵。若因事故、检修等原因中断污水排放而发生海水入侵系统,一旦恢复运动,虽然由于排放量大于临界冲洗流量(0.05 m³/s),能将入侵系统的海水冲出扩散器;但若中断排放时间过长,因海洋生物在管道中繁衍而形成的危害,尚难杜绝,故在工程运行调度中应予以充分注意,并建议对此进行专门研究。

(3) 系统作用于扩散器的净水头应不小于21 m,以保证扩散器处于良好的工况条件。

(4) 为保证系统不处于由于污水中的悬浮物和颗粒物沉积而在管道内淤积导

致恶化扩散器的工作条件中,建议在系统内设置相应容积的沉淀池(或旋流排砂装置)。此外,在污水排放流量小于系统不淤排放流量(0.0544 m³/s)时,应通过系统中的调节装置(池),适时以相应流量对系统进行冲淤。具体冲淤流量、冲淤时间间隔、每次冲淤持续时间等问题,建议做进一步论证确定。

(5) 当近期 5000 m³/d 污水出流时,建议使用靠近扩散器尾端的两个上升管喷口进行污水排放,与此同时,靠近入口端的三个上升管喷口需采取措施进行封堵。

图 9.8-1 扩散器水力试验现场照

第10章 天津南港工业区污水排海工程扩散器设计实例

10.1 工程概况

10.1.1 工程背景

南港工业区位于天津市滨海新区东南部。《天津市空间发展战略研究》确定实施"双城区、双港区"战略，南港为双港之一。总规划面积 200 km²，分三期建设，一期规划石化化工产业，二期规划冶金及装备制造，三期规划港口物流。

一期规划面积 87 km²，就业人口为 6 万人。南港工业区一期规划定位：世界级化工产业基地，国家循环经济示范区，北方经济新的增长极。规划产业规模：新增 250 万吨乙烯、3000 万吨炼油规模，其中，近期为 1500 万吨炼油，120 万吨乙烯。发展各类原材料共享的石化下游产业，建设石油储备基地，形成大型石化产业集群。

南港工业区一期（石化产业园）规划面积 87.29 km²，到 2020 年建设两套 1500 万吨核心炼化及相关乙烯装置，围绕石油、天然气、煤炭等资源，依托龙头项目，以上中下游产品关联互动为牵引，重点发展炼油乙烯产品链、DCC 产品链、CPP 产品链、异氰酸酯产品链、有机硅产品链及深加工产品链，建设石油储备基地，形成大型石化产业集群。

1. 炼油乙烯产品链

南港工业区一期石化产业龙头项目的装置规模达到 3000 万吨/年炼油、250 万吨/年乙烯。近期主要装置有 1500 万吨/年炼油、120 万吨/年乙烯裂解以及下游石化装置。远期建设另一套 1500 万吨/年炼油项目、130 万吨/年乙烯裂解以及下游配套石化装置。主要产品方案包括油品、基本有机原料、合成材料、有机化工产品，考虑为园区提供部分烯烃基本有机原料和其他有机化工产品，作为工业区招商引资，发展下游产业项目的资源。

南港工业区一期规划炼油乙烯产品链的示意图如 10.1-1 所示。

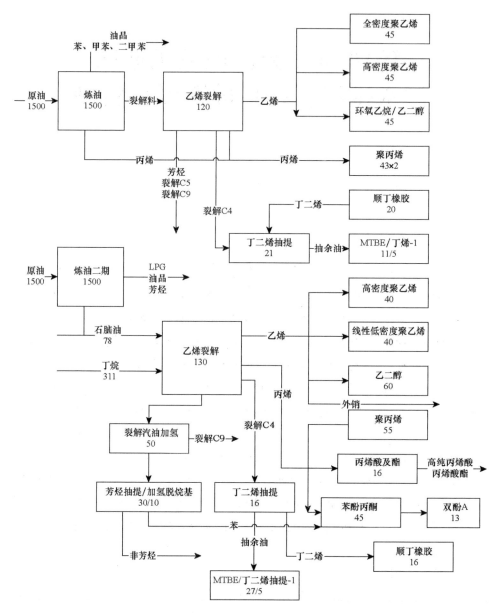

图 10.1-1　炼油乙烯产品链(单位：万吨/年)

2. DCC 产品链

DCC(深度催化裂解)是以重质石油馏分为原料,采用特别的催化剂在较高的温度下进行催化裂解,最大量的生产丙烯的技术。DCC 产品链的规划示意图如图 10.1-2 所示。

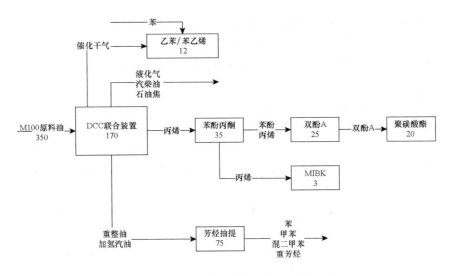

图 10.1-2 DCC 产品链(单位：万吨/年)

3. CPP 产品链

CPP(催化热裂解)工艺技术以常压重油为原料,达到多产乙烯和丙烯的目的。

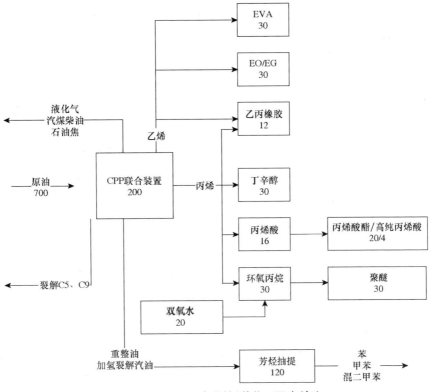

图 10.1-3 CPP 产品链(单位：万吨/年)

CPP可以充分利用催化剂的催化作用,除多产乙烯外,还兼顾丙烯的生产,其乙烯和丙烯收率分别达到20wt％、18wt％以上,三烯产率达45wt％以上,并可以根据市场的需要,通过催化剂配方和操作条件的调整,灵活地多产乙烯或多产丙烯。规划远期建设大型CPP装置。

CPP产品链的规划示意图如10.1-3所示。

4. 异氰酸酯产品链及有机硅产品链

异氰酸酯是炼油乙烯、DCC、CPP产品链的下游产业链,采用苯、甲苯等芳烃产品进行生产,异氰酸酯又是聚氨酯生产的最主要原料;有机硅材料是重要的新型化工材料。

异氰酸酯产品链和有机硅产品链相结合的规划示意图如10.1-4所示。

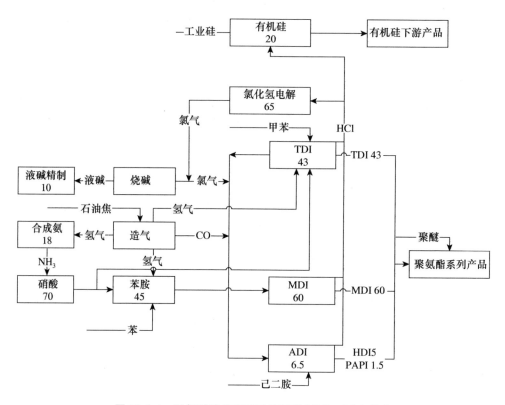

图 10.1-4 异氰酸酯及有机硅产品链(单位:万吨/年)

5. 深加工产品链

炼油乙烯、DCC、CPP等产品链可以为南港工业区一期提供基本有机原料和有机化工产品作为发展的资源,同时产出各种副产品,如碳四、碳五、碳九、重芳烃等,这些副产品也是各种化工产品重要的原料资源,有利于提高南港工业区石化产业的资源利用效率和产品附加值。

（1）碳二深加工。主要利用乙烯联合装置提供的乙烯资源，CPP 产品链生产的环氧乙烷等资源，考虑与其他产品链的错位发展，规划发展醋酸乙烯系列产品和环氧乙烷系列产品。

（2）碳三深加工。利用炼油乙烯、DCC、CPP 产品链提供的少量丙烯资源以及丙烯酸酯产品，规划建设异丙醇和丙烯酸酯橡胶装置。

（3）碳四深加工。以炼油乙烯产品链副产的 MTBE 生产高纯异丁烯，延伸加工异丁烯系列产品，主要包括甲基丙烯酸甲酯、丁基橡胶、聚异丁烯等高端化工新材料产品。

（4）碳五/碳九深加工。炼油乙烯产品链和 CPP 产品链副产大量的碳五和碳九资源。规划建设碳五分离装置进行单组分分离，利用异戊二烯建设 2 万吨/年异戊橡胶和 SIS 弹性体，利用分离后的混合碳五与混合碳九建设石油树脂装置。

（5）芳烃深加工。炼油乙烯、DCC、CPP 产品链生产大量的芳烃资源，可以用于生产多种产品。利用对二甲苯装置进而建设对苯二甲酸装置，与其他产品链提供的乙二醇产品一起生产 PET 聚酯产品，从而形成合成纤维及其单体的生产基地，同时发展 PBT（聚对苯二甲酸丁二醇酯）、PTT（聚对苯二甲酸丙二醇酯）、PCT（聚对苯二甲酸环己烷二甲醇酯）等高端聚酯产品。

在苯下游产品中重点发展两个系列产品：顺酐系列产品，包括顺酐、1,4-丁二醇、PTMEG（聚四氢呋喃）；尼龙系列产品，包括己二酸、尼龙 66 盐；甲苯的利用方面，除了用于异氰酸酯产品链和对二甲苯的生产外，规划建设苯甲酸和苯甲酸钠装置；利用重芳烃资源分离出偏三甲苯和均四甲苯，进而生产偏酐和均酐；利用其他产品链提供的苯酚产品生产工程塑料产品聚苯醚/改性聚苯醚。

深加工产品链的规划示意图如 10.1-5、10.1-6 所示。

10.1.2　污水排水量分析

1. 污水产生量分析

污水产生量分析采用指标法进行预测。参照企业实际用水、排水情况调查及相关定额标准，依据占地性质确定各类用地用水指标、排放指标，结合南港工业区一期的用地布局规划进行污水排放量预测。

工业用地中主要企业炼化、蓝星的用水量和污水排放量依据企业设计资料来确定，石化下游产业通过类比同类行业用水、排污指标来确定。

（1）规划一套炼化一体化项目占地 $5\,km^2$，企业实际用水 $10\times10^4\,m^3/d$；企业自建污水处理及回用设施，排放含盐废水 $1.4\times10^4\,m^3/d$。

（2）规划蓝星石化项目占地 $5\,km^2$，企业实际用水 $10\times10^4\,m^3/d$；企业排放一般废水 $5.4\times10^4\,m^3/d$。

（3）石化下游产业占地 $8.28\,km^2$，类比同类行业用水指标 $1.5\times10^4\,m^3/(km^2\cdot d)$，

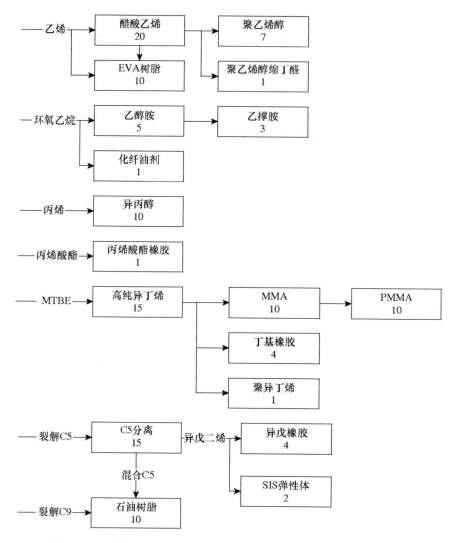

图 10.1-5 石化深加工产品链——C2、C3、C4、C5/C9(单位:万吨/年)

石化下游产业用水量约 $12.42 \times 10^4 \mathrm{m}^3/\mathrm{d}$;类比同行业污水排放量为 $3.5 \times 10^4 \mathrm{m}^3/\mathrm{d}$(占用水量的 28%)。

(4)仓储用地、公共设施用地、道路广场用地、对外交通用地、市政基础设施用地、绿地等用地的用水指标参照《城市给水工程规划规范》(GB50282-1998)选取。各用地排水量按用水量的 70% 进行计算。

综上,南港工业区一期产生的污水包括一般废水和直排含盐废水,产生量分别为 $10.8 \times 10^4 \mathrm{m}^3/\mathrm{d}$ 和 $2.8 \times 10^4 \mathrm{m}^3/\mathrm{d}$,一般废水包括园区内各企业排放的生活废水、盐度小于 $8000 \mathrm{mg/L}$ 的工业废水及初期雨水,此类废水可生化性较好;清净下水指间接冷却水、循环水以及其他含污染物极少的外排水;含盐废水指中俄炼化最

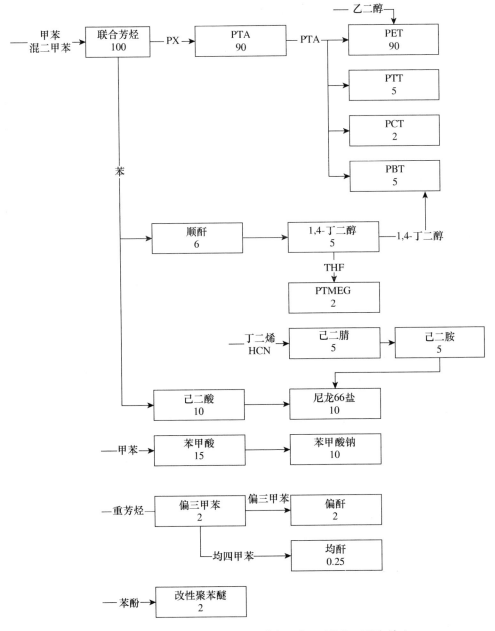

图 10.1-6 石化深加工产品链—芳烃深加工(单位:万吨/年)

终排放的达到一级 A 标准的含盐废水,含盐量可以达到 15 000～20 000 mg/L,详见表 10.1-1。

表 10.1-1　南港工业区一期污水产生量分析表

项　　目		占地面积 /km²	废水产生量 /(10⁴m³/d)	废水排放量 /(10⁴m³/d)	备　注
工业用地	中俄炼化	23.28	4.65	1.4	经企业自建污水处理厂处理回用70%后排放量
	远期炼化	5	4.65	1.4	
	蓝星	5	5.4		经工业区污水处理厂处理回用70%后排放量
	石化下游产业	8.28	3.5		
仓储用地		4.09	0.5	3.2	
公共设施用地		0.59	0.2		
道路广场用地		6.52	0		
对外交通用地	港口用地	8.38	3.58	0.8	
	铁路、公路用地		4.8	0	
市政基础设施用地		2.65	0.4		
绿　地		17.94	0		
合　计		63.45	20.1	6.0	

注：中俄炼化项目占地面积为5km²。

2. 污水排放量分析

南港工业区一期污水排放平衡示意图如图 10.1-7 所示。

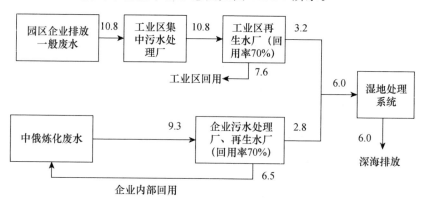

图 10.1-7　南港工业区一期污水排放平衡示意图（单位：10⁴t/d）

南港工业区一期规划实施后，工业区污水排放包括两部分：第一部分是园区各企业排放的一般废水，废水量为 10.8×10^4 t/d，含盐量小于 8000 mg/L，该部分废水经预处理达到工业区纳管标准（COD 1000 mg/L）后，进入工业区集中污水处理厂处理，经处理后送往再生水厂进行深度处理回用，回用量为 7.6×10^4 t/d（回用率达到 70%），回用水作为城市绿化、道路浇洒、生活杂用和部分低质工业用水、景观水体等。废水再生回用过程中存在含盐量逐渐增高的问题，再生水厂最终排放 30% 的含盐废水，约 3.2×10^4 t/d，含盐量约 20 000 mg/L，该含盐废水执行一级 A

标准;另一部分是中俄炼化排放的含盐废水,由于企业自建污水处理及回用设施,企业排放的各种污水经处理、再生回用(回用率在 70% 以上)后,最终因盐分累积,需排放 30% 的含盐废水,约 2.8×10^4 t/d,含盐量可以达到 15 000～20 000 mg/L,该废水处理达到一级 A 标准后直接排入工业区的污水排放系统、再进入湿地系统处理后排放。

因此,南港工业区一期最终排放的废水包括工业区再生水厂含盐废水 3.2×10^4 t/d 和大企业直排的含盐废水 2.8×10^4 t/d,两部分含盐废水汇合后,排入南港工业区规划湿地处理系统进一步处理,通过湿地系统末端泵站提升至深海排放管道排放,最终排放量约 6.0×10^4 t/d。

根据南港工业区分区规划,南港工业区二、三期主要发展冶金装备制造、港口物流等产业,对低质再生回用水的需求量可能大幅度增加。因此,南港工业区分区规划实施后通过污水分级、分质回用,有可能进一步提高工业区再生水回用率,降低污水排放量。

10.2 扩散器设计基础资料

10.2.1 工程条件

污水排放量(设计):6.0×10^4 m³/d;

污水密度:0.99 g/cm³;

污染物排放浓度:南港工业区排放废水中污染物主要有 COD、氨氮、石油类、苯、甲苯、二甲苯、挥发酚、氰化物、苯胺类、氯苯等,其排放浓度执行天津市《污水综合排放标准》(DB12/356-2008)一级 A 标准。

10.2.2 海洋条件

1. 潮汐

本区潮汐属于不规则的半日潮,一日之内有两次潮汐,涨潮延时小于落潮延时。本海区的潮位特征值见表 10.2-1。

表 10.2-1 潮位特征值表

最高高潮位	3.22 m	最低低潮位	−3.72 m
平均高潮位	1.92 m	平均低潮位	0.52 m
高潮平均潮位	1.27 m	低潮平均潮位	−1.20 m
最高高潮平均潮位	2.52 m	最低低潮平均潮位	−2.95 m
50 年一遇高潮位	3.31 m	100 年一遇高潮位	3.51 m
平均大潮差	1.81 m	平均小潮差	1.02 m
涨潮历时	5 小时 05 分	落潮历时	7 小时 20 分

2. 温度和盐度

涨潮时水温变化范围为 5.0~8.6℃,平均值为 6.4℃;落潮时水温变化范围为 5.0~8.9℃,平均值为 6.7℃;涨落潮水温变化不大,而且海水温度全部是由近岸向深水海域逐步降低。

涨潮时海水盐度变化范围为 31.52~32.03,平均值为 31.90;落潮时表层海水盐度变化范围为 31.53~32.07,平均值为 31.91,涨、落潮时表层海水盐度变化不大,以子牙新河、北排河河口为起点盐度向外海逐步增加,但相差不大,分布比较均匀。

3. 潮流

工程海域潮流为不规则半日潮流,运动形式为往复流,该海区涨潮流速略大于落潮流速,且在大潮表现更为明显。潮流一般每日两潮,滞后 45 分钟,一般涨潮时间为 6 小时,退潮时间为 6 小时 22 分钟,最大潮差可达 4 m,一般潮差为 2~3 m。如大潮各点涨、落潮平均流速分别为 0.27 m/s、0.25 m/s,涨、落潮最大流速分别为 0.63 m/s、0.50 m/s,潮流动力相对较弱。

4. 余流

近岸的余流较大,但垂线平均也不超过 5 cm/s,表层余流最大,自水面至海底,受底摩阻影响渐大,余流方向大体按顺时针分布。小潮时,沿独流碱河入海方向的一线,表层余流大,流向东北。表层余流最大,达 12.5 cm/s,方向 28°,似独流碱河有径流入海。

5. 波浪

常浪向为 S,年频率为 9.38%,在 WSW~S~ENE 范围内,波向几乎成扇形分布,年频率为 61.74%。该海区波浪主要以小周期风浪为主,年平均周期为 3.1 s,0.5 m 以上波浪对应平均周期为 3.7 s。

据历史资料统计,该海域有效波高小于 1.1 m 的波浪占到全年的 86.2%,大于 1.1 m 的仅占 13.7%。其次该海域有效波高大于 1.1 m,累计频率最高的月份为 4 月,达 29.8%,其次是 12 月份的 21.9%,10 月份的 20.0%,11 月份的 18.2%;累计频率最低为 7 月份的 1.6%,其次是 8 月份的 4.8%,9 月份的 6.1%。强寒潮天气系统产生的大浪一般能维持 2~3 天,最长可持续 5~7 天。

6. 水深

排放点水深:9.3 m;喷口水深:8 m。

7. 水环境背景值

根据天津科技大学海洋资源与环境监测中心于 2015 年 8 月对排污工程附近海域进行的水环境现场监测数据,排放海域水环境背景值见表 10.2-2。

表 10.2-2　南港工业区污水排海管线排污口海域水质质量现状监测结果

项　　目	涨　潮		落　潮	
	范围	平均值	范围	平均值
pH	7.81～8.10	8.01	7.81～8.11	7.88
水温/℃	26.5～30.2	27.86	26.8～28.3	27.59
SS/(mg/L)	5.0～26.0	14.33	6.0～27.5	16.72
磷酸盐(活性)/(μg/L)	16.20～30.75	22.63	20.68～66.58	39.75
石油类(油类)	29.61～88.43	48.78	22.75～173.73	79.61
硫化物/(μg/L)	0.2～0.74	0.51	0.04～0.84	0.36
氨氮(无机氮)/(μg/L)	468.41～751.72	593.66	417.71～669.35	545.12
总铜/(μg/L)	3.54～24.96	10.46	4.42～20.47	9.91
总锌/(μg/L)	34.71～102.98	64.03	29.83～117.04	68.50
COD	1.05～1.68	1.34	1.23～2.38	1.61
苯	0	0	0	0
挥发酚	5.81～8.06	7.1	2.06～10.69	6.44
氰化物	7～13	10.3	7～17	10

10.2.3　排放海域环境功能区划

排污口位于南港工业区东侧海域,南港工业区东侧为大港贝类恢复增殖区,南侧为大港滨海湿地海洋特别保护区,所在区域的海域功能区为Ⅱ类和Ⅰ类区,所处海域水质执行第二类海水水质标准。

10.3　工程控制要求

10.3.1　最小初始稀释度

南港工业区污水排海管线排放口位于工业区东侧渤海湾海域,海域排污水质至少要求达海水水质二类标准。根据《污水海洋处置工程污染控制标准》(GB18486-2001)中对污水海洋处置工程的初始度的规定,污水海洋处置排放点的选取和放流系统的设计应使其初始稀释度在一年90%的时间保证率下满足表9.3-1规定的初始稀释度要求。

为了保护水体环境,对污水海洋处置工程,一般都要规定一个初始稀释度的数值,并以此作为污水海洋处置工程初始稀释度的最低值,参考国内外工程实例,考虑一定的富余稀释度,在本工程中取60作为最小初始稀释度。

10.3.2　混合区允许范围

南港工业区污水排海管线排污口所处渤海湾面积远大于600 km²,混合区范围应满足《污水海洋处置工程污染控制标准》中有关该排污海域混合区的规定,混合区范围≤3.0 km²,即半径 978 m 以外海域执行海水水质二类标准。

10.3.3 设计达标稀释度

污水排放口附近允许有水质超标的混合区存在,但混合区边沿的水质浓度必须满足排放水域环境功能的水质目标要求,若排放水域外还有高功能水域,则污水在该水域边沿还必须满足高功能的水质目标要求。达到水质目标的稀释度称为达标稀释度。不同污染物、不同的水质目标,就有不同的达标稀释度,分析计算时以最大的稀释度作为依据,即为设计达标稀释度。根据委托方提供的排污海域为不低于二类海域,以扩散器为中心、半径为 1000 m 混合区外至少为二类海域,海水水质目标为二类海水水质。对主要污染物的达标稀释度分析计算,其结果列于表10.3-1 中。

表 10.3-1 达标稀释度分析计算结果

污染物	浓度/(mg/L)			达标稀释度
	标准浓度(二类)	现状浓度	排放浓度	
COD_{Mn}	3	1.45	16.8	10
氨氮	0.3	0.975	5	—
石油类	0.05	0.093	1	—
苯	—	—(未检出)	0.1	—
甲苯	—	—	0.1	—
二甲苯	—	—	0.4	—
挥发酚	0.005	—	0.5	100
氰化物	0.005	—	0.5	100
苯胺类	—	—	0.5	—
氯苯类	—	—	0.3	—

在主要污染物中,鉴于苯类物质排放浓度低且没有相应的海水限制指标,不对其进行稀释度预测分析,而且按照表中最大的设计稀释度最大排放浓度反推其经扩散器入海后的最大浓度仅为 0.005 mg/L。另外,考虑到氨氮和石油类的现状浓度高于标准浓度,所以不需对其进行稀释度预测分析。在剩余的污染物中,起控制作用的是挥发酚和氰化物。

在二类水质排污海域中,挥发酚和氰化物的达标稀释度最大为 100,综合考虑,选取这两种物质的最大设计达标稀释度 100 作为本工程的初始稀释度。同时,由于氨氮和石油类的现状浓度已超出海域二类水质的要求,该海域对于这两种物质的承载压力大,因此需对其进行长期监测分析,分析其来源和变化特征;如果能够证明挥发酚在该海域长期保持较高浓度,那么在污水排放时氨氮和石油类的排放量需要通过湿地处理等措施进行较大量的削减,才能保证排污区污水。

10.4　扩散器初步设计计算

扩散器的物模试验、水力计算、水力试验和水质预测都先要初步估算扩散器的长度、上升管间距、喷口个数的范围,然后在此范围内确定若干方案进行详细研究。否则方案很多,工作量很大,特别是试验方案更要有所限制。

主要内容包括:扩散器长度范围计算分析、扩散器上升管间距计算分析、上升管喷口计算分析、喷口水平方位角分析、喷口射流角度分析等。

10.4.1　扩散器长度范围计算分析

根据排污海域的水质要求及初始稀释度进行计算,基于扩散器长度范围计算公式计算取得的扩散器初步长度,在留有余地的前提下确定扩散器的初步长度为 90 m,再通过确定上升管个数确定扩散器整体长度。此前研究都是在此基础上根据经验确定几个方案进行比选,如此进行的试验方案较多,耗费大量的人力物力。通过相关研究发现,结合数值模拟方法确定上升管的数量可大大缩减试验耗费。但是如果直接设定多种上升管长度方案进行物模试验,将会造成试验组数过多、结果不准确。因此本研究通过数值模拟计算的方法,初步确定上升管个数的方案,再通过物理模型的方法进行验证。对本工程,通过数值模拟计算,最终选取扩散器的上升管个数为 16 个、20 个、24 个等三个方案,作为后续物理模型试验方案来验证,其中具体数值模拟方法已在第三章进行阐述。

10.4.2　扩散器的初步管径分析

根据扩散器初步管径公式计算可得其初步管径为 660 mm(半径为 330 mm),扩散器管径的详细选取将在后续进行具体分析。

10.4.3　扩散器上升管间距计算分析

对本工程,提出上升管间距为 4 m、5 m、6 m、7 m、8 m、9 m、10 m 等 7 个方案,作为物理模型试验方案来验证。

10.4.4　上升管喷口计算分析

由前文可得,每支上升管设置 2 个喷口,当扩散器上升管管数为 16 支,喷口直径为 0.096 m;当扩散器上升管管数为 20 支,喷口直径为 0.086 m;当扩散器上升管管数为 24 支,喷口直径为 0.08 m。

10.4.5　喷口水平方位角分析

对本工程,提出水平方位角为 0°、45°、90° 等三个方案,作为第三章物理模型试验方案来验证。

10.4.6 喷口射流角度分析

对本工程,提出射流角度为 $0°$、$10°$、$15°$ 等三个方案,作为第三章物理模拟试验的方案来验证。

10.4.7 成果

根据《污水海洋处置工程污染控制标准》(GB18486-2001),结合本工程的环境保护要求和排放海域的环境参数及相关计算模式,通过理论研究计算,参考国内外工程实例,在本部分中根据计算结果,按照不同扩散器上升管数量、上升管间距、喷口水平方位角和射流角度等参数,提出 33 种扩散器初步设计方案,为物理模拟试验研究提供技术支持和参考依据,见表 10.4-1。

同时,鉴于扩散器在保持排放量和喷口面积相等,即射流速度不变的情况下,起始稀释随着孔径减小而增加,每一上升管布置多个喷口可以减少耗资较大的上升管数,喷口个数越多,越有利于污水的稀释扩散。所以,对于初步设计方案进行综合考虑,最终确定其扩散器初步方案如下:

表 10.4-1 扩散器初步设计方案

上升管数量	16 个			20 个			24 个		
上升管间距	4 m	5 m		6 m	7 m	8 m	9 m		10 m
喷口水平方位角	0°	45°	90°	0°	45°	90°	0°	45°	90°
喷口射流角	0°	10°	15°	0°	10°	15°	0°	10°	15°

10.5 扩散器环境效应数值模拟计算

10.5.1 工作任务

本节主要是在扩散器初步设计的基础上,通过扩散器排污水质影响的二维和三维数值模拟确定扩散器的上升管个数方案,为扩散器近区物理模型试验提供试验方案,减少大量方案试验的人力和物力的耗费,同时,在近区试验确定扩散器基本参数的基础上,对选定扩散器的远区水质影响进行了三维的数值模拟预测,为设计符合环保要求的扩散器提供技术支持和参考依据。主要工作内容如下:

(1)根据海域及排污口参数进行模型设计及验证;

(2)二维数值模拟进行上升管数量方案比选;

(3)三维数值模拟进行上升管数量方案比选;

(4)对优选的扩散器方案,进行三维数值模拟,并分析远区水质影响。

10.5.2 二维水动力及输移扩散数值模拟

潮流是污染物在海水中输移扩散的驱动力,由污染源排入到海洋环境中的污染物,在与海水混合之后,其输移扩散的分布及范围主要受海域的水动力状况的影响,其中海流是海水自净过程中最主要的动力因素。采用 MIKE21 数学模型模拟和预测扩散器设置海域污染物在水体中的输运和浓度分布状况,运用二维计算可以看成三维计算的简化,在实际工程中应用也更为普遍和方便,采用水深平均的计算,得到的计算成果为平面流场分布及污染物浓度场的平面分布。

1. 计算范围与网格设置

排污口位于渤西油气平台临近区域,与陆域距离 21.1 km,模型计算范围东边界到 118°34′38″E,南北距离约 111 km。模型计算网格采用不规则三角网格,对排污口区域进行局部加密,模拟区域三角网格节点数有 11 955 个,三角形个数为 23 231 个,计算网格图见图 10.5-1,模型范围及验证点位置见图 10.5-2。

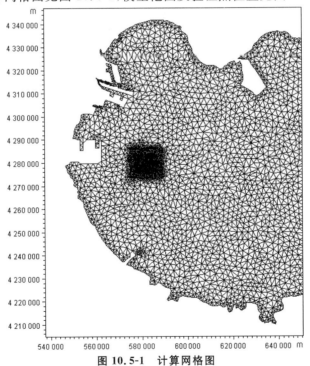

图 10.5-1 计算网格图

2. 基本资料

(1) 地形资料

水下地形文件采用海军司令部航海保证部海图 11300(外长山列岛至复州湾)、11500(辽东湾)、11700(秦皇岛港至歧河口)、11800(歧河口至龙口港)11900(大连港至烟台港)及 11770(渤海湾)。

(2) 潮流及水位验证资料

采用 2008 年 7 月大、小潮的现场实测资料,共有 6 个潮流站(1♯~6♯)和一

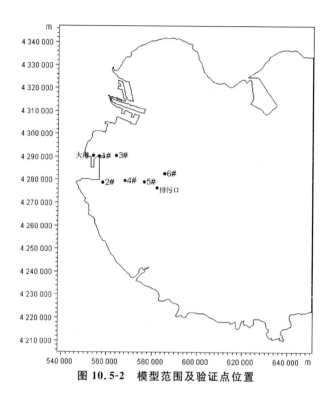

图 10.5-2　模型范围及验证点位置

个潮位站(大港)。

3. 计算结果及验证

(1) 模型验证

采用 2008 年 7 月大、小潮的现场实测资料(取自《大港区滨海石化物流综合基地围海造陆工程水文测验技术报告》),对潮位、流速和流向进行验证。其中共有 6 个潮流站(1♯～6♯)和一个潮位站(大港)。验证点位置如图 10.5-2 所示。各测站潮位及流速、流向实测值与计算值的验证曲线图见图 10.5-3,其中黑线代表实际计算结果,叉号代表观测数据。从由潮位、流速、流向验证结果可见,各测站计算值与实测值二者总体趋势差异不大,计算的潮位过程及各层的流速、流向过程与实测资料基本吻合,可见该模型所模拟的潮流运动基本能够反映出天津海域的水流状况,可以作为进一步分析计算的基础资料。

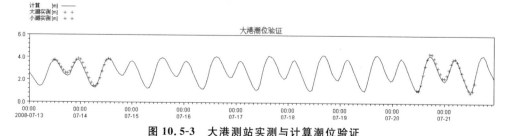

图 10.5-3　大港测站实测与计算潮位验证

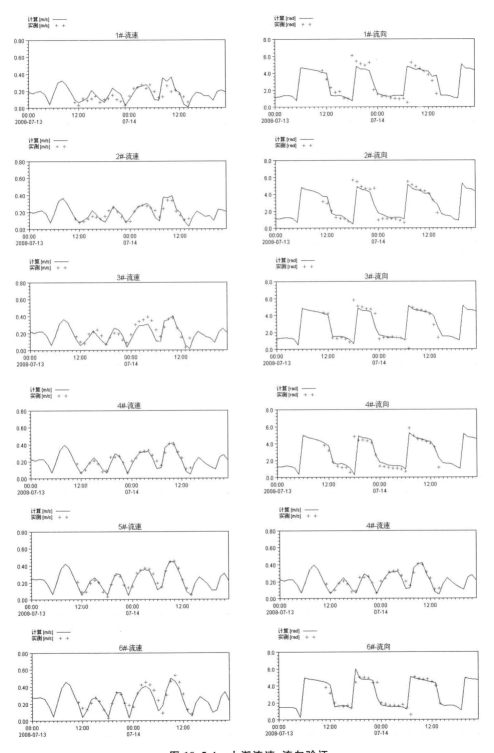

图 10.5-4   小潮流速、流向验证

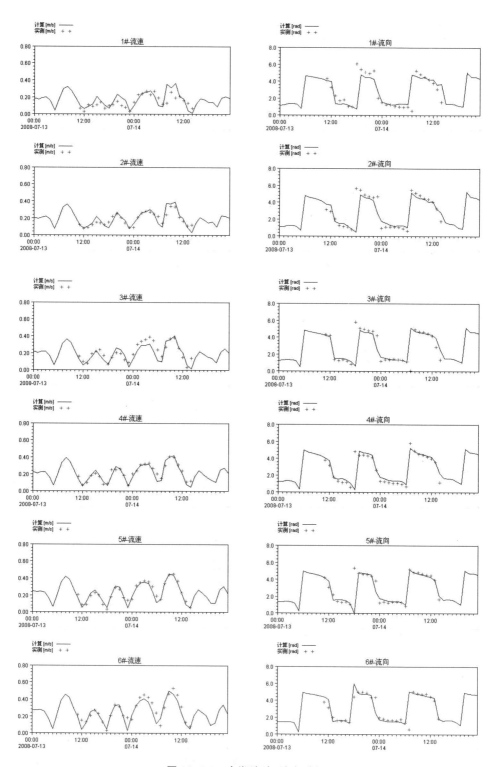

图 10.5-5　大潮流速、流向验证

（2）模拟结果分析

图 10.5-6、10.5-7 为模拟海域涨、落急流场。模拟结果显示，海域潮流运动形

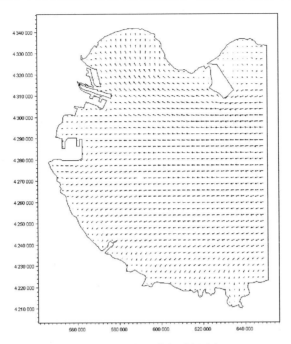

图 10.5-6 海域涨急时刻流场

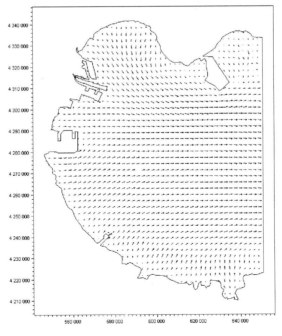

图 10.5-7 海域落急时刻流场

式主要为往复型,带一定的旋转性。涨潮流基本为从外海往湾内上溯,对于湾内海域,涨急时刻潮流主流向西,南部海域流向基本向西,西北部海域流向为西北,其他近岸区域流向大体与海岸线走向平行。落潮流基本为从湾内往外海下泄,落急时刻流向与涨急时刻流向相反,落急时刻潮流主流向东,南部海域流向向东,西北部海域流向为东南。

10.5.3　三维水动力及污染物输移扩散数值模拟

由于浅海海底的阻尼作用,海水运动速度随深度变化,同时海水还存在着垂向运动,而二维数值模型无法反映这种情况。在污染物排放口的选择中是采用海底排放,而污染物的扩散有垂直分层分布的特征。因此,运用 MIKE3 数学模型对污水扩散器设置海域潮流数值模拟,预测扩散器排放的污水中挥发酚、氰化物、石油类、COD 污染物质对水环境的影响程度,从污染物与海水充分混合的角度来分析扩散器排污的可行性。

1. 模型控制方程

采用丹麦水动力研究所研制的 MIKE3 三维数学模型的水动力模块和对流扩散模块(AD)分别进行三维维水动力和污染物输移扩散数值模拟。水动力模块和对流扩散模块的控制方程参见本书 5.2.1 节。

2. 边界条件

侧边界条件:在固边界上,流的法向分量恒为 0,$\boldsymbol{V}(x,y,z,t)=0$,无热、盐交换。

开边界条件:采用大区嵌套的方式给小区边界,大区模拟区域为 $117°32'25''$ E~$122°17'3''$E,$37°6'1''$N~$40°58'10''$N,大区外海开边界采用潮位过程线 $Z=Z(t)$,由中国潮汐表提供,并根据实测水文资料进行调试。小区的边界是由上一层模型的计算结果提供,小区模拟区域为 $117°32'2''$E~$118°34'38''$E,$38°1'37''$N~$39°13'14''$N。

3. 计算范围与网格设置

排污口位于渤西油气平台临近区域,与陆域距离 21.1 km,模型计算范围东边界到 $118°34'38''$E,南北距离约 111 km。模型采用无结构的三角网格系统,垂向分为 6 个 σ 层(表层、$0.2H$、$0.4H$、$0.6H$、$0.8H$、底层),对排污口区域进行局部加密,模拟区域共有三角形网格节点 11 955 个,三角形单元 23 231 个,计算网格图见图 10.5-8,模型范围及验证点位置见图 10.5-9 。

4. 地形资料

水下地形文件采用海军司令部航海保证部海图 11300(外长山列岛至复州湾)、11500(辽东湾)、11700(秦皇岛港至歧河口)、11800(歧河口至龙口港)11900(大连港至烟台港)及 11770(渤海湾)。

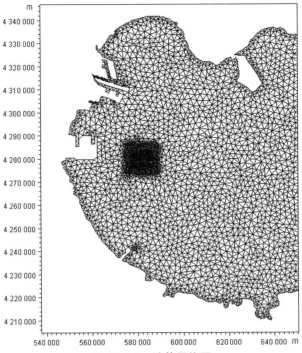

图 10.5-8 计算网格图

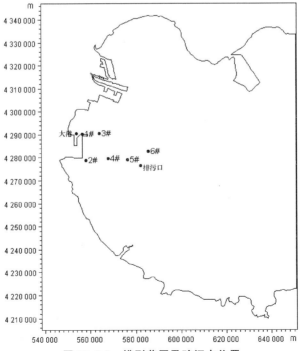

图 10.5-9 模型范围及验证点位置

5. 模拟结果验证及分析

(1) 模型验证

采用 2015 年 7 月大、小潮的现场实测资料,对潮位、流速和流向进行验证。其中共有 6 个潮流站(1♯~6♯)和一个潮位站(大港)。验证点位置如图 10.5-9 所示。潮位及流速、流向(表层、0.6H 层、底层)实测值与计算值的验证曲线图见图 10.5-10~图 10.5-22,其中黑线代表实际计算结果,叉号代表观测数据。从验证情况看,各测站计算值与实测值二者总体趋势差异不大,计算的潮位过程及各层的流速、流向过程与实测资料基本吻合,可见该模型所模拟的潮流运动基本能够反映出天津海域的水流状况,可以作为进一步分析计算的基础资料。

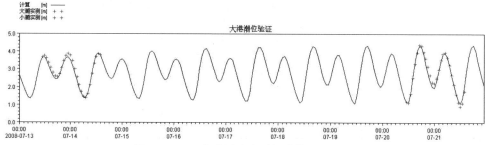

图 10.5-10　大港测站实测与计算潮位验证

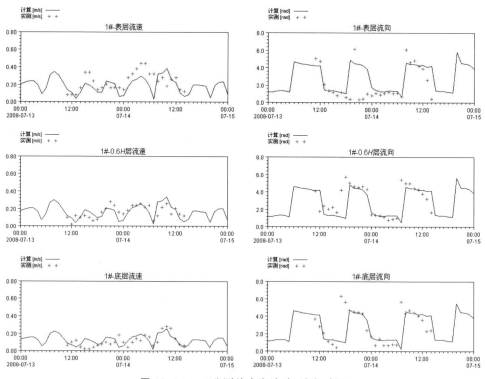

图 10.5-11　1♯测站小潮流速、流向验证

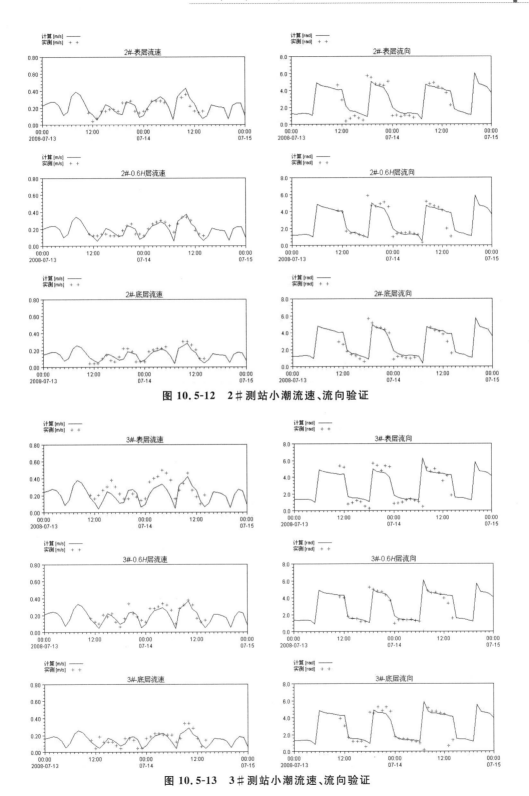

图 10.5-12　2♯测站小潮流速、流向验证

图 10.5-13　3♯测站小潮流速、流向验证

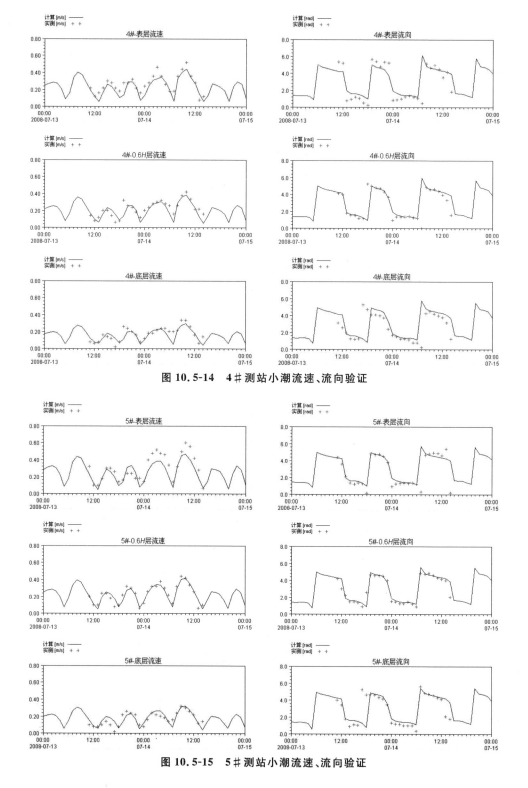

图 10.5-14　4♯测站小潮流速、流向验证

图 10.5-15　5♯测站小潮流速、流向验证

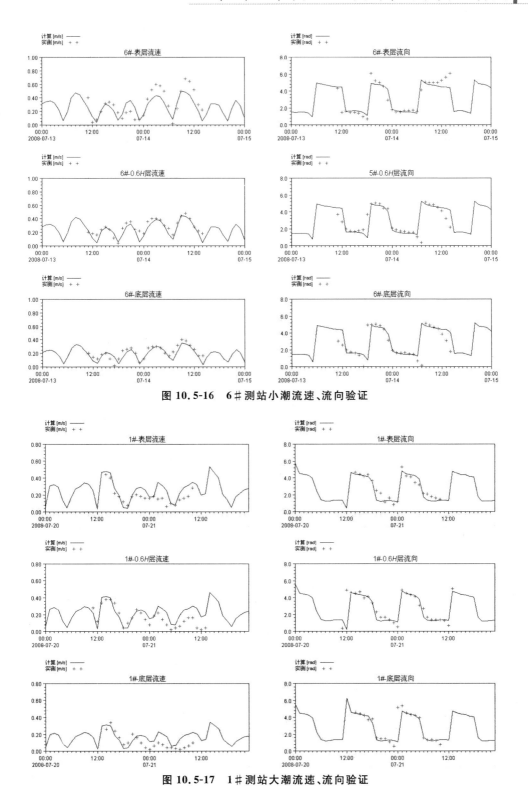

图 10.5-16　6♯测站小潮流速、流向验证

图 10.5-17　1♯测站大潮流速、流向验证

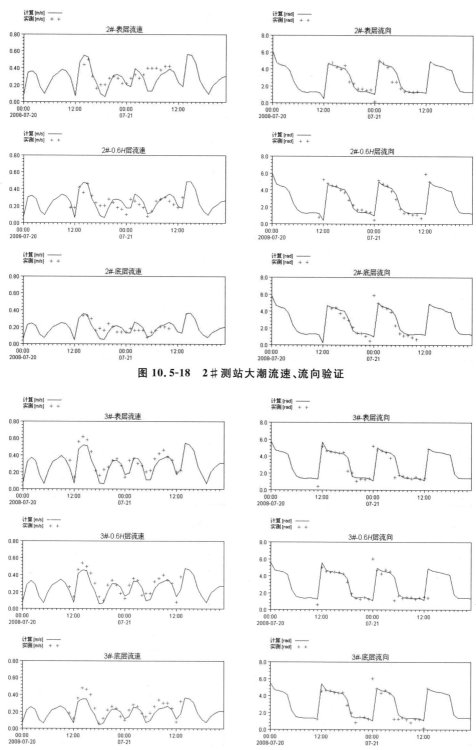

图 10.5-18　2＃测站大潮流速、流向验证

图 10.5-19　3＃测站大潮流速、流向验证

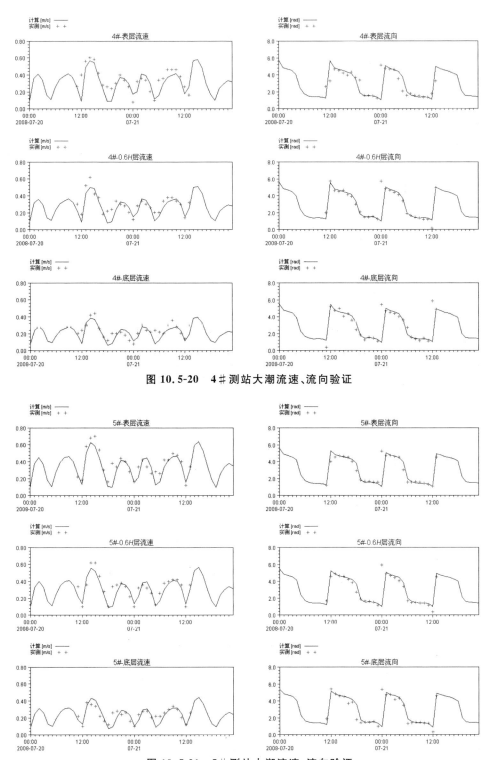

图 10.5-20　4♯测站大潮流速、流向验证

图 10.5-21　5♯测站大潮流速、流向验证

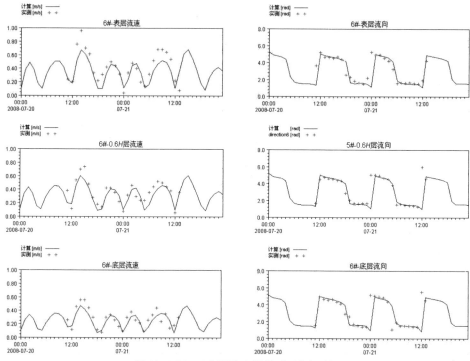

图 10.5-22　6♯测站大潮流速、流向验证

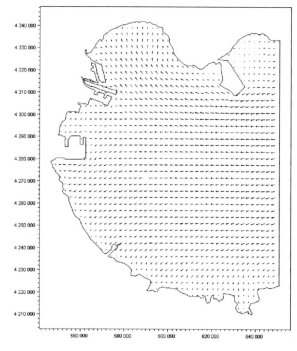

图 10.5-23　海域涨急时刻表层流场

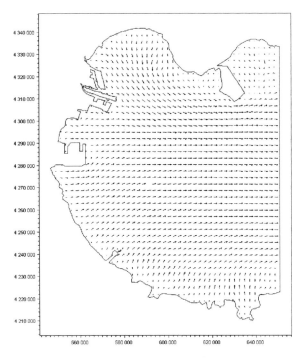

图 10.5-24 海域落急时刻表层流场

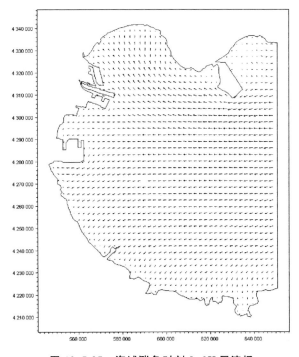

图 10.5-25 海域涨急时刻 0.6H 层流场

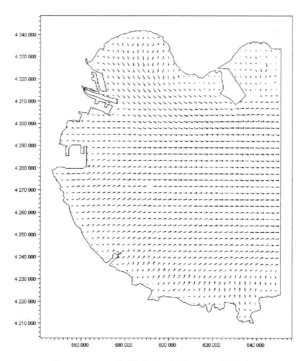

图 10.5-26　海域落急时刻 0.6H 层流场

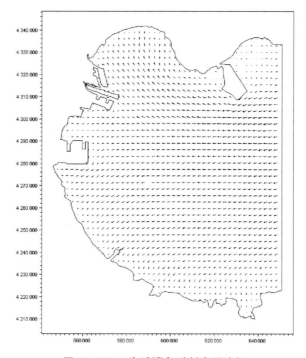

图 10.5-27　海域涨急时刻底层流场

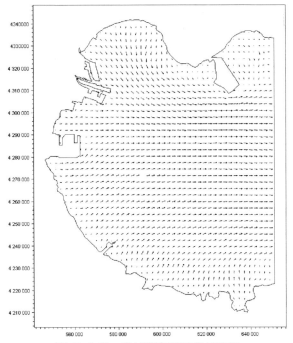

图 10.5-28　海域落急时刻底层流场

（2）模拟结果分析

图 10.5-23～图 10.5-28 为模拟表层、0.6H 层、底层涨、落急流场。模拟结果显示，海域潮流运动形式主要为往复型，带一定的旋转性。涨潮流基本为从外海往湾内上溯，对于湾内海域，涨急时刻潮流主流向西，南部海域流向基本向西，西北部海域流向为西北，其他近岸区域流向大体与海岸线走向平行。落潮流基本为从湾内往外海下泄，落急时刻流向与涨急时刻流向相反，落急时刻潮流主流向东，南部海域流向向东，西北部海域流向为东南。

10.5.4　扩散器上升管方案比选

1. 扩散器上升管方案

根据扩散器初步设计成果，取上升管间距为 7.0 m，具体扩散器上升管方案设置如下：方案一扩散器设有 10 个源，间距 7.0 m，源排污量为 6000 m³/d；方案二扩散器设有 20 个源，间距 7.0 m，源排污量为 3000 m³/d；方案三扩散器设有 30 个源，间距 7.0 m，源排污量为 2000 m³/d，选择扩散器排放污水中对水环境影响最大的物质挥发酚进行污染物扩散的二维和三维数值模拟。

2. 不同上升管方案水质影响二维数值模拟预测

污水中挥发酚排放浓度为 0.5 mg/L，预测计算模式采用前述的污染物扩散方程，采用 240 个小时背景流场，模拟三种方案下污染物扩散的情况，输出每 2 分钟的浓度场，统计各计算网格点在模拟时期间的污染物浓度增量最大值，叠加所在海区挥发酚现状浓度,绘制出模拟的三种方案中的污染物最大浓度包络线图(见图10.5-29～图10.5-31),最大影响范围面积见表10.5-1。

表 10.5-1　污水中挥发酚浓度包络线面积(m²)

挥发酚	>0.005 mg/L	>0.01 mg/L
方案一	9600	2400
方案二	9200	2000
方案三	8400	—

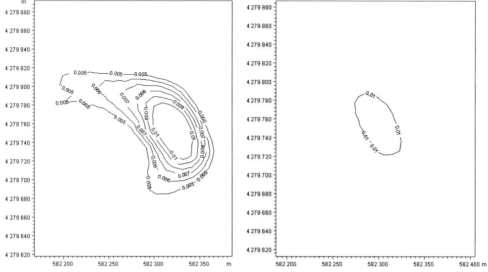

图 10.5-29　方案一挥发酚浓度值包络线图

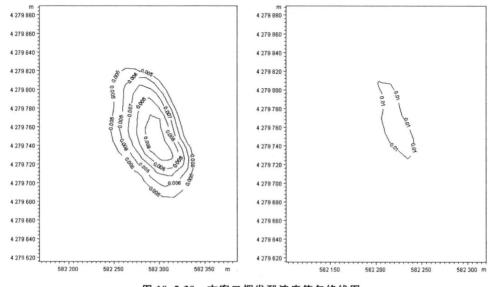

图 10.5-30　方案二挥发酚浓度值包络线图

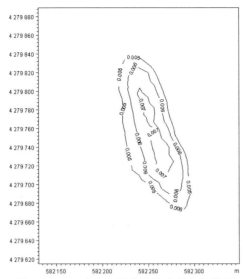

图 10.5-31 方案三挥发酚浓度值包络线图

3. 不同上升管方案水质影响三维数值模拟预测

基于二维数学模型的比选,不同长度扩散器方案的不同距离浓度和混合区要求距离 1000 m 处的浓度皆能满足海域环境要求,只是方案一中污染物存在大量高浓度区,而实际应避免高浓度区的存在。因此,综合考虑,应推荐较大长度的方案二和方案三,并对后两种方案进行了三维数学模型研究,进一步研究其表层污染物的扩散情况。污水中挥发酚排放浓度为 0.5 mg/L,预测计算模式采用前述的污染物扩散方程,采用 240 个小时背景流场,模拟方案二和方案三污染物扩散的情况,输出每 2 分钟的浓度场,统计各计算网格点在模拟时期间的表层和底层的污染物浓度增量最大值,叠加所在海区挥发酚现状浓度,绘制出模拟的方案中的污染物表层的最大浓度包络线图(见图 10.5-32～图 10.5-33),最大影响范围面积见表 10.5-2。

表 10.5-2 挥发酚最大影响面积

方　案	层　数	超标面积/m²	
		一、二类(0.005～0.01 mg/L)	三类(0.01～0.05 mg/L)
方案二	表层	8400	1200
	底层	14400	5600
方案三	表层	8000	—
	底层	10400	3600

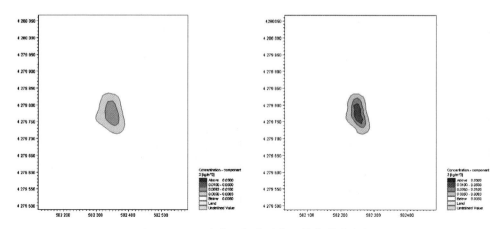

图 10.5-32　方案二挥发酚表层最大影响面积

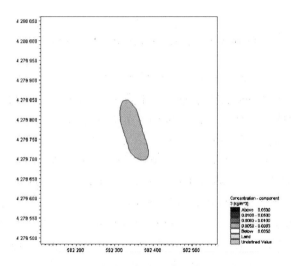

图 10.5-33　方案三挥发酚表层最大影响面积

4. 小结

本节采用 MIKE 数学模型,选择扩散器排放污水中对水环境影响最大的物质挥发酚,对三种排放方案的(方案一,10 个扩散器长度源;方案二,20 个;方案三,30 个)污染物扩散影响分别进行了二维和三维数值模拟,通过二维数值模拟,发现三个方案下距离浓度和混合区要求距离 1000 m 处的浓度皆能满足海域环境要求:方案一中挥发酚浓度超二类水质面积 9600 m^2,超三类水质面积为 2400 m^2;方案二中挥发酚浓度超二类水质面积 9200 m^2,超三类水质面积为 2000 m^2;方案三中挥发酚浓度超二类水质面积 8400 m^2。只是方案一中污染物存在大量高浓度区,而实际应避免高浓度区的存在,因此,不推荐方案一,需对方案二和方案三进一步分析。通过对方案二和方案三的进一步三维数值模拟,进一步研究其表层污染物的扩散情况:方案二中挥发酚表层浓度超二类水质的面积为 8400 m^2,超三类的面积为

$1200m^2$;方案三中挥发酚表层浓度超二类水质的面积为 $8000m^2$,不存在超三类水质面积。方案三表层满足初始稀释度要求,方案二虽然存在较小高浓度区,表层初始稀释略有超标,具体是否满足环境要求,还需通过物理模型试验进行验证。结合数模结论,最后确定上升管数为 16 个、20 个、24 个三个方案,并通过物理模型试验比选。

10.5.5 污染物水质影响三维数值预测

1. 污水中预测污染物的选取

根据本工程关于扩散器排放污水中污染物排放浓度以及海水水质标准中第二类海水要求的污染物浓度限值,选取扩散器对水环境起决定性作用的污染物,进行水环境影响预测分析;选取的方法是将排放平均浓度和水质标准限值相比较,对比值相对较大的污染物逐一进行环境影响预测计算,直到对环境影响轻微为上。扩散器排污中污染物浓度及比较结果见表 10.5-3,从表 10.5-3 中可以看出,对水环境影响较大的依次为挥发酚、氰化物、石油类、COD。在此,按比值次序进行环境影响预测计算分析。

表 10.5-3 污水排海项目污染物水环境影响比选

污染物	排放污水中 污染物浓度/(mg/L)	排污海区污染物 标准浓度/(mg/L)	比 值	对水环境 影响排序
COD	50	3	16.67	4
石油类	1	0.05	20	3
挥发酚	0.5	0.005	100	1
氰化物	0.5	0.005	100	1

2. 污水中挥发酚的影响范围预测

扩散器设计排污量为 $6\times10^4 m^3/d$,污水中挥发酚排放浓度为 $0.5\,mg/L$,据此计算源强为 $0.347\,g/s$,预测计算模式采用前述的污染物扩散方程,按 $135\,m$ 长度扩散器来计算,采用 240 个小时背景流场,模拟污染物扩散的情况,输出每 2 分钟的浓度场,统计各计算网格点在模拟时期间的污染物浓度增量最大值,叠加所在海区挥发酚现状浓度,绘制污染物表层、$0.6H$ 层、底层最大浓度包络线图(见图10.5-34 和图 10.5-36),最大影响范围面积见表 10.5-4。

表 10.5-4 污水中挥发酚浓度包络线面积(m^2)

指 标	>0.005 mg/L	>0.01 mg/L	>0.05 mg/L
表层	8400	1200	—
$0.6H$ 层	8800	3200	—
底层	14400	5600	—

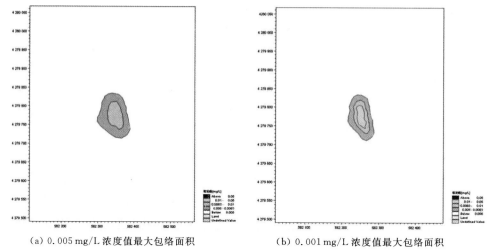

(a) 0.005 mg/L 浓度值最大包络面积　　　　　(b) 0.001 mg/L 浓度值最大包络面积

图 10.5-34　污水中表层挥发酚浓度值包络线面积

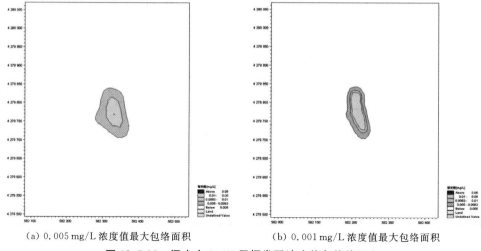

(a) 0.005 mg/L 浓度值最大包络面积　　　　　(b) 0.001 mg/L 浓度值最大包络面积

图 10.5-35　污水中 0.6H 层挥发酚浓度值包络线面积

3. 污水中氰化物的影响范围预测

扩散器设计排污量为 $6\times10^4\,\mathrm{m}^3/\mathrm{d}$,污水中氰化物排放浓度为 $0.5\,\mathrm{mg/L}$,据此计算源强为 $0.347\,\mathrm{g/s}$,预测计算模式采用前述的污染物扩散方程,按 $135\,\mathrm{m}$ 长度扩散器来计算,采用 240 个小时背景流场,模拟污染物扩散的情况,输出每 2 分钟的浓度场,统计各计算网格点在模拟时期间的污染物浓度增量最大值,叠加所在海区氰化物现状浓度,绘制污染物表层、$0.6H$ 层、底层最大浓度包络线图(见图10.5-37和图 10.5-39)。最大影响范围面积见表 10.5-5。

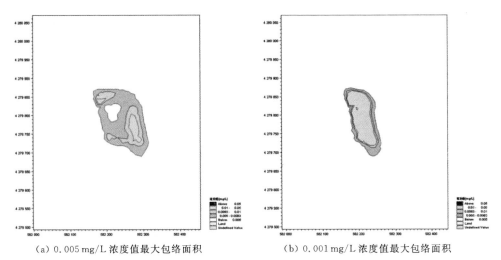

(a) 0.005 mg/L 浓度值最大包络面积　　　　　　(b) 0.001 mg/L 浓度值最大包络面积

图 10.5-36　污水中底层挥发酚浓度值包络线面积

表 10.5-5　污水中氰化物浓度包络线面积(m²)

指　　　标	>0.005 mg/L	>0.1 mg/L	>0.05 mg/L
表层	8400	—	—
0.6H 层	8800	—	—
底层	14400	—	—

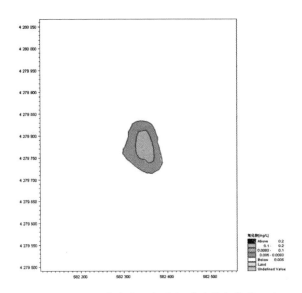

图 10.5-37　污水中表层氰化物浓度值包络线面积

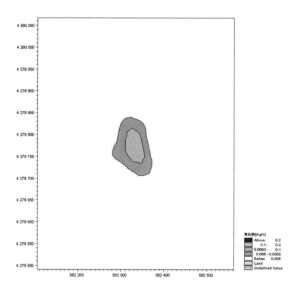

图10.5-38　污水中0.6H层氰化物浓度值包络线面积

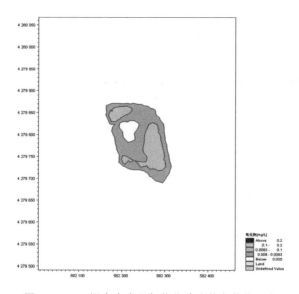

图10.5-39　污水中底层氰化物浓度值包络线面积

4. 污水中石油类的影响范围预测

扩散器设计排污量为$6\times10^4 m^3/d$,污水中石油类排放浓度为1mg/L,据此计算源强为0.694g/s,预测计算模式采用前述的污染物扩散方程,按135m长度扩散器来计算,采用240个小时背景流场,模拟污染物扩散的情况,输出每2分钟的浓度场,统计各计算网格点在模拟时期间的污染物浓度增量最大值,叠加所在海区石油类现状浓度,绘制污染物表层、0.6H层、底层最大浓度包络线图(见图10.5-40~

图 10.5-42），最大影响范围面积见表 10.5-6。

表 10.5-6 污水中石油类浓度包络线面积（m²）

指　　标	>0.05 mg/L	>0.1097 mg/L	>0.3 mg/L	>0.5 mg/L
表层	—	2400	—	—
0.6H 层	—	3600	—	—
底层	—	6800	—	—

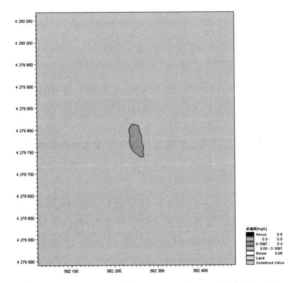

图 10.5-40 污水中底层石油类浓度值包络线面积

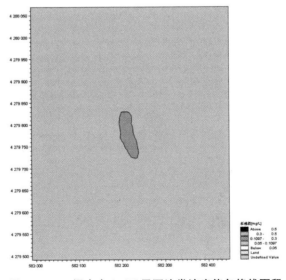

图 10.5-41 污水中 0.6H 层石油类浓度值包络线面积

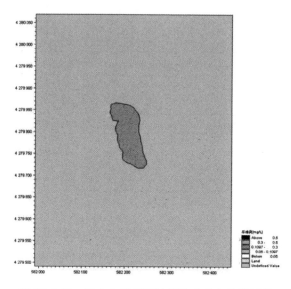

图 10.5-42   污水中底层石油类浓度值包络线面积

5. 污水中 COD 的影响范围预测

扩散器设计排污量为 $6 \times 10^6 \, \mathrm{m^3/d}$,污水中 COD 排放浓度为 $50 \, \mathrm{mg/L}$,据此计算源强为 $34.7 \, \mathrm{g/s}$,预测计算模式采用前述的污染物扩散方程,按 $135 \, \mathrm{m}$ 长度扩散器来计算,采用 240 个小时背景流场,模拟污染物扩散的情况,输出每 2 分钟的浓度场,统计各计算网格点在模拟时期间的污染物浓度增量最大值,叠加所在海区 COD 现状浓度,绘制污染物表层、$0.6H$ 层、底层最大浓度包络线图(见图 10.5-43~图 10.5-45)。最大影响范围面积见表 10.5-7。

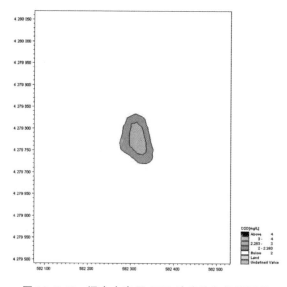

图 10.5-43   污水中表层 COD 浓度值包络线面积

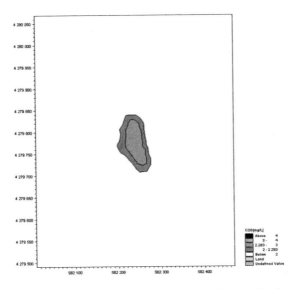

图 10.5-44　污水中 0.6H 层 COD 浓度值包络线面积

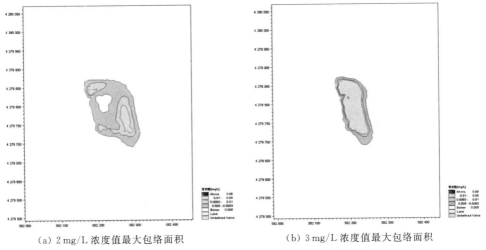

（a）2 mg/L 浓度值最大包络面积　　　　　　（b）3 mg/L 浓度值最大包络面积

图 10.5-45　污水中底层 COD 浓度值包络线面积

表 10.5-7　污水中 COD 浓度包络线面积（m²）

指　　标	＞2 mg/L	＞3 mg/L	＞4 mg/L	＞5 mg/L
表层	7200	—	—	—
0.6H 层	8800	—	—	—
底层	12800	2000	—	—

6. 小结

对挥发酚、氰化物、石油类、COD 进行污染物扩散影响预测结果,按照排污水域各类污染物二类水质浓度标准,对水域环境影响最大的污染物是挥发酚、氰化物,其次是 COD。从上述图表上可以看出:排水口排污对底层水质影响较大,从表层到底层超标面积逐渐增大。

表层 COD 浓度超过一类海水水质标准,超标范围为 7200 m²,超过关心浓度(2.283 mg/L)面积为 2000 m²。挥发酚和氰化物浓度都超过了二类海水水质标准(挥发酚和氰化物的一、二类海水水质标准相同),超标面积都为 8400 m²,挥发酚超三类水质标准面积为 1200 m²。挥发酚和氰化物超过关心浓度(0.0083 mg/L)面积为 2400 m²。石油类污染物浓度本底值已超过一类水质标准,但是计算的浓度增量叠加本底值并未超过二类水质标准,超过关心浓度(0.1097 mg/L)面积为 2400 m²。

$0.6H$ 层 COD 浓度超一类海水水质标准范围为 8800 m²,超过关心浓度(2.283 mg/L)面积为 4000 m²。挥发酚和氰化物浓度超二类海水水质标准面积 8800 m²,挥发酚超三类水质标准面积为 3200 m²。挥发酚和氰化物超过关心浓度(0.0083 mg/L)面积为 2800 m²。石油类污染物超过关心浓度(0.1097 mg/L)面积为 3600 m²。

底层超标面积相对表层和 $0.6H$ 层较大,COD 浓度超过一类海水水质标准面积为 12800 m²、超二类水质标准面积为 2000 m²,超过关心浓度(2.283 mg/L)面积为 7200 m²。挥发酚浓度超二类海水水质标准面积为 14400 m²,超三类水质标准面积为 5600 m²。氰化物浓度超二类海水水质标准面积为 14400 m²。挥发酚和氰化物超过关心浓度(0.0083 mg/L)面积为 3200 m²。石油类污染物超过关心浓度(0.1097 mg/L)面积为 6800 m²。

可见,污染物超二类水质面积远低于排污口混合区面积小于 3 km² 的标准及排污口混合区半径小于 1000 m 的标准。因此,扩散器长度为 135 m 的排污方案基本上是可行的。由于挥发酚污染物的浓度在表层、$0.6H$ 层、底层均超过三类水质标准,但是超标面积都较小,因此应注意排放的挥发酚浓度不要偏高、排污量不要超量。

10.6 扩散器近区稀释扩散物模试验

10.6.1 扩散器参数

根据前节的扩散器初步设计方案结果,结合远区数值模拟分析,并对该结果提出的扩散器设计方案进行筛选,试验用扩散器的基本参数见表 10.6-1,选取试验扩散器方案组数。

表 10.6-1　扩散器初步设计方案

上升管数量	16 个			20 个			24 个		
上升管间距	4 m	5 m	6 m	7 m	8 m		9 m	10 m	
喷口水平方位角	0°	45°	90°	0°	45°	90°	0°	45°	90°
喷口射流角	0°	10°	15°	0°	10°	15°	0°	10°	15°

10.6.2　模型设计

本次物理模型试验主要对排放口海域局部模型进行试验,同时,由于在排放口附近,射流与周围环境水体间的速度差相差很大,射流与环境水体的掺混过程具有强烈的三维性,因此必须使用正态物理模型。结合试验室条件、扩散器材料、污水排放量等选用模型比例尺,模型比例尺取值为

几何比例尺:$\lambda_l = 25$

流量比例尺:$\lambda_Q = \lambda_l^{5/2} = 3125$

流速比例尺:$\lambda_v = \lambda_l^{1/2} = 5$

时间比例尺:$\lambda_t = \lambda_l^{1/2} = 5$

相对密度比例尺:$\lambda_{(\rho/\rho_0)} = 1$

按照实际扩散器长度进行模型设计,则水槽宽度应大于 5 m,如此大的水槽将花费较多的时间和试验经费。考虑扩散器设计出流的均匀性和排放海域在扩散器试验区域流场的一致性。因此,在扩散器模型设计中,上升管个数为 16 个、20 个、24 个的方案分别按照实际扩散器的 1/8、1/10 和 1/12 长度进行设计。

10.6.3　试验方案

按照上升管间距、水平方位角、射流角度、扩散器不同长度等方案进行 33 组试验。其中方案的序列号定义如下,第一个数字代表上升管的个数方案,1、2、3 分别代表 16 个、20 个、24 个的方案;第二个数字代表上升管间距,1、2、3、4、5、6、7 分别代表 4 m、5 m、6 m、7 m、8 m、9 m、10 m 的方案;第三个数字代表喷口水平方位角,1、2、3 分别代表 0°、45°、90°的方案;第四个数字代表射流角度,1、2、3 分别代表 0°、10°、15°的方案。

1. 不同上升管间距试验方案

研究扩散器不同上升管间距对稀释度的影响,共进行 21 组试验,试验扩散器的原型参数如表 10.6-2。

2. 不同水平方位角试验方案

在确定上升管间距的情况下,研究扩散器不同水平方位角对稀释度的影响,共进行 6 组试验,试验扩散器的原形参数如表 10.6-3。

表 10.6-2　不同上升管方案

上升管个数	16 个		20 个		24 个		
水平方位角	0°						
射流角度	0°						
上升管间距	4 m	5 m	6 m	7 m	8 m	9 m	10 m
试验方案	方案 1111	方案 1211	方案 1311	方案 1411	方案 1511	方案 1611	方案 1711
	方案 2111	方案 2211	方案 2311	方案 2411	方案 2511	方案 2611	方案 2711
	方案 3111	方案 3211	方案 3311	方案 3411	方案 3511	方案 3611	方案 3711

表 10.6-3　不同水平方位角方案

上升管个数	16 个	20 个	24 个
水平方位角	0°	45°	90°
射流角度	0°		
上升管间距	10 m	7 m	5 m
试验方案	方案 1711	方案 2411	方案 3211
	方案 1721	方案 2421	方案 3221
	方案 1731	方案 2431	方案 3231

3. 不同射流角度试验方案

在确定上升管间距的情况下,研究扩散器不同射流角度对稀释度的影响,共进行 6 组试验,试验扩散器的原形参数如表 10.6-4。

表 10.6-4　不同射流角度方案

上升管个数	16 个	20 个	24 个
射流角度	0°	10°	15°
水平方位角	0°		
上升管间距	10 m	7 m	5 m
试验方案	方案 1711	方案 2411	方案 3211
	方案 1712	方案 2412	方案 3212
	方案 1713	方案 2413	方案 3213

4. 不同扩散器长度试验方案

在确定上升管间距的情况下,研究扩散器不同长度对稀释度的影响,根据试验 1、2 的结果,在选择最佳水平方位角和射流角度的基础上,共进行两组试验。试验扩散器的原形参数如表 10.6-5。

表 10.6-5　不同扩散器长度方案

上升管个数	16 个	20 个	24 个
水平方位角	45°		
射流角度	0°		
上升管间距	10 m	7 m	5 m
试验方案	方案 1721	方案 2421	方案 3221

10.6.4 试验数据分析

1. 不同上升管间距试验分析

（1）上升管个数为 16 个的试验结果（列于表 10.6-6）

表 10.6-6　16 个上升管试验结果

潮　汐	方　　案	稀释倍数		
		25 m	50 m	150 m
涨潮	方案 1111	60	270	172
	方案 1211	63	260	186
	方案 1311	75	280	199
	方案 1411	97	230	210
	方案 1511	130	220	227
	方案 1611	166	95	235
	方案 1711	195	65	243
落潮	方案 1111	56	266	168
	方案 1211	59	256	183
	方案 1311	71	276	194
	方案 1411	93	226	205
	方案 1511	126	216	222
	方案 1611	162	91	231
	方案 1711	191	61	237

（2）上升管个数为 20 个的试验结果（列于表 10.6-7）

表 10.6-7　20 个上升管试验结果

潮　汐	方　　案	稀释倍数		
		25 m	50 m	150 m
涨潮	方案 2111	50	98	176
	方案 2211	59	126	180
	方案 2311	72	154	188
	方案 2411	80	170	194
	方案 2511	105	158	200
	方案 2611	131	172	208
	方案 2711	150	196	217
落潮	方案 2111	47	95	166
	方案 2211	56	123	174
	方案 2311	69	151	181
	方案 2411	77	167	185
	方案 2511	102	155	190
	方案 2611	128	169	198
	方案 2711	147	193	206

（3）上升管个数为 24 个的试验结果（列于表 10.6-8）

表 10.6-8　24 个上升管试验结果

潮 汐	方 案	稀释倍数		
		25 m	50 m	150 m
涨潮	方案 3111	56	148	209
	方案 3211	69	166	224
	方案 3311	68	154	229
	方案 3411	76	169	235
	方案 3511	80	178	241
	方案 3611	85	182	249
	方案 3711	94	196	256
落潮	方案 3111	54	146	201
	方案 3211	67	164	220
	方案 3311	66	152	222
	方案 3411	74	167	231
	方案 3511	78	176	239
	方案 3611	83	180	246
	方案 3711	92	194	252

2. 不同水平方位角试验数据分析

（1）水平方位角为 0°的试验结果（列于表 10.6-9）

表 10.6-9　水平方位角为 0°试验结果

潮 汐	方 案	稀释倍数		
		25 m	50 m	150 m
涨潮	方案 1711	148	243	255
	方案 2411	132	194	229
	方案 3211	161	224	241
落潮	方案 1711	143	237	248
	方案 2411	128	185	226
	方案 3211	156	220	238
憩流	方案 1711	扩散范围：0.057 km²		
	方案 2411	扩散范围：0.063 km²		
	方案 3211	扩散范围：0.067 km²		

（2）水平方位角为45°的试验结果（列于表10.6-10）

表 10.6-10　水平方位角为 45°试验结果

潮 汐	方 案	稀释倍数		
		25 m	50 m	150 m
涨潮	方案 1721	151	225	228
	方案 2421	135	157	236
	方案 3221	152	219	243
落潮	方案 1721	147	220	223
	方案 2421	132	151	233
	方案 3221	145	216	238
憩流	方案 1721	扩散范围：0.059 km²		
	方案 2421	扩散范围：0.066 km²		
	方案 3221	扩散范围：0.071 km²		

（3）水平方位角为90°的试验结果（列于表10.6-11）

表 10.6-11　水平方位角为 90°试验结果

潮 汐	方 案	稀释倍数		
		25 m	50 m	150 m
涨潮	方案 1731	168	211	230
	方案 2431	142	158	250
	方案 3231	148	220	239
落潮	方案 1731	158	206	221
	方案 2431	139	153	244
	方案 3231	142	217	230
憩流	方案 1731	扩散范围：0.062 km²		
	方案 2431	扩散范围：0.069 km²		
	方案 3231	扩散范围：0.074 km²		

3. 不同射流角度试验数据分析

（1）射流角度为0°的试验结果（列于表10.6-12）

表 10.6-12　射流角度为 0°试验结果

潮 汐	方 案	稀释倍数		
		25 m	50 m	150 m
涨潮	方案 1711	148	243	255
	方案 2411	132	194	229
	方案 3211	161	224	241

续表

潮 汐	方 案	稀释倍数		
		25 m	50 m	150 m
落潮	方案 1711	143	237	248
	方案 2411	128	185	226
	方案 3211	156	220	238
憩流	方案 1711	扩散范围：0.057 km²		
	方案 2411	扩散范围：0.063 km²		
	方案 3211	扩散范围：0.067 km²		

（2）射流角度为 10°的试验结果（列于表 10.6-13）

表 10.6-13　射流角度为 10°试验结果

潮 汐	方 案	稀释倍数		
		25 m	50 m	150 m
涨潮	方案 1712	140	234	257
	方案 2412	128	186	235
	方案 3212	152	217	251
落潮	方案 1712	135	226	243
	方案 2412	122	180	228
	方案 3212	147	211	247
憩流	方案 1712	扩散范围：0.058 km²		
	方案 2412	扩散范围：0.066 km²		
	方案 3212	扩散范围：0.069 km²		

（3）射流角度为 15°的试验结果（列于表 10.6-14）

表 10.6-14　射流角度为 15°试验结果

潮 汐	方 案	稀释倍数		
		25 m	50 m	150 m
涨潮	方案 1713	134	229	262
	方案 2413	117	181	240
	方案 3213	143	209	259
落潮	方案 1713	130	224	253
	方案 2413	115	172	233
	方案 3213	136	198	252
憩流	方案 1713	扩散范围：0.061 km²		
	方案 2413	扩散范围：0.068 km²		
	方案 3213	扩散范围：0.071 km²		

4. 不同扩散器长度试验数据分析

（1）方案1721：上升管数为16个、上升管间距为10 m、扩散器长度为152 m、水平方位角45°、射流角度0°的试验结果（列于表10.6-15）

表 10.6-15 方案 1721 试验结果

潮 汐	稀释倍数		
	50 m	150 m	350 m
涨潮	151	225	228
落潮	147	220	223
憩流	扩散范围：0.059 km²		

（2）方案2421：上升管数为20个、上升管间距为7 m、扩散器长度为135 m、水平方位角45°、射流角度0°的试验结果（列于表10.6-16）

表 10.6-16 方案 2421 试验结果

潮 汐	稀释倍数		
	50 m	150 m	350 m
涨潮	135	157	236
落潮	132	151	233
憩流	扩散范围：0.066 km²		

（3）方案3221：上升管数为24个、上升管间距为5 m、扩散器长度为117 m、水平方位角45°、射流角度0°的试验结果（列于表10.6-17）

表 10.6-17 方案 3221 试验结果

潮 汐	稀释倍数		
	50 m	150 m	350 m
涨潮	152	219	243
落潮	145	216	238
憩流	扩散范围：0.071 km²		

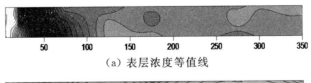

（a）表层浓度等值线

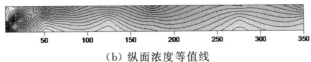

（b）纵面浓度等值线

图 10.6-1 表层、纵面浓度等值线（扩散器135 m、水平方位角为0°、射流角度为0°、涨潮）

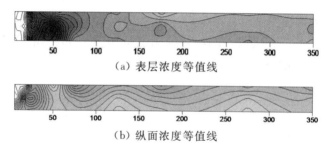

（a）表层浓度等值线

（b）纵面浓度等值线

图10.6-2 表层、纵面浓度等值线（扩散器 135 m、水平方位角为 0°、射流角度为 10°、涨潮）

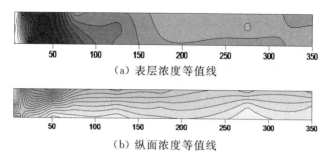

（a）表层浓度等值线

（b）纵面浓度等值线

图10.6-3 表层、纵面浓度等值线（扩散器 135 m、水平方位角为 0°、射流角度为 15°、涨潮）

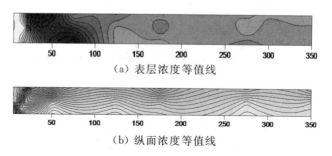

（a）表层浓度等值线

（b）纵面浓度等值线

图10.6-4 表层、纵面浓度等值线（扩散器 135 m、水平方位角为 45°、射流角度为 0°、涨潮）

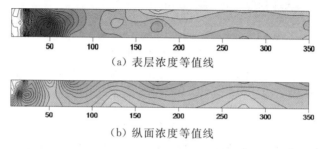

（a）表层浓度等值线

（b）纵面浓度等值线

图10.6-5 表层、纵面浓度等值线（扩散器 135 m、水平方位角为 90°、射流角度为 0°、涨潮）

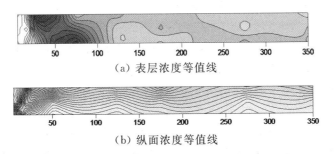

(a) 表层浓度等值线

(b) 纵面浓度等值线

图10.6-6 表层、纵面浓度等值线(扩散器135 m、水平方位角为45°、射流角度为0°、落潮)

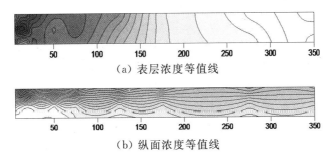

(a) 表层浓度等值线

(b) 纵面浓度等值线

图10.6-7 表层、纵面浓度等值线(扩散器135 m、水平方位角为45°、射流角度为0°、憩流)

10.6.5 试验成果

1. 不同上升管间距对稀释扩散的影响

根据研究,只有当污水升顶与污水混合同步发生时,扩散器释放的污水才能取得最大的初始稀释度并有效地利用扩散器长度,因此这也是我们试验最终获取最佳上升管间距的标准。

当上升管个数为16个时,扩散器间距为10 m时,污水升顶和混合恰好同时发生,上升管间距最佳,推荐采用。

当上升管个数为20个时,扩散器间距为7 m时,污水升顶和混合恰好同时发生,上升管间距最佳,推荐采用。

当上升管个数为24个时,扩散器间距为5 m时,污水升顶和混合恰好同时发生,上升管间距最佳,推荐采用。

2. 不同水平方位角对稀释扩散的影响

试验表明,污水水平射流路径及稀释扩散与喷口水平方位角有直接的关系,当水平方位角为0°、45°和90°时,稀释度均可达到设计的环保要求。

当水平方位角为90°时,即射流垂直于环境水流方向,污水初始稀释扩散最好;主要是因为污水自喷口出流之后受到环境水流的强烈扰动而迅速在水流断面上扩展开来,与周围环境水体迅速掺混,初始稀释扩散效果明显。但是由于本工程的环境水深较小,容易在水面形成污水场,不利于污水的再稀释扩散,对环境影响较大。

当水平方位角为45°时,不存在水面污水场,其冒顶时水平漂移距离较长,不容易在水面形成污水场,污水场对环境的影响较小。

当水平方位角为0°时,即射流平行于环境水流方向,污水初始稀释较差,对环境的影响较大。

因此,鉴于本工程水深小,易于形成表面污水场,不推荐采用90°喷角,而0°喷角的初始稀释较差,综合推荐扩散器的水平方位角为45°,更有益于污水的稀释扩散。

3. 不同射流角度对稀释扩散的影响

试验表明,射流角度是影响污水近区稀释的重要因素之一。纵向扩散形状与射流角度有关,射流与垂线角度越大,射流射出后,由于水力绕流阻力的作用,射流慢慢弯曲,在此同时,射流与横流慢慢交混,其宽度越来越大。

当射流角度为0°时,由于水平方位角为10°,不容易在水面形成污水场,而且在环境水流的强烈扰动下,不易形成某一污水云团,可取得较好的稀释扩散效果。

当射流角度为10°、15°时,由于工程的环境水深较小,污水上升到水面的时间较短,较易升顶,表面稀释效果差,容易在水面形成污水场,影响其稀释扩散。

综合考虑,本工程采用扩散器的喷口角度推荐为0°左右,即射流方向与水平面夹角为0°左右。

4. 不同扩散器长度对稀释扩散的影响

试验表明,扩散器的长度对初始稀释度有明显的影响;初始稀释度随着扩散器长度的增加而增加。以上三种扩散器长度均能满足初始稀释度要求,其中,16个上升管的方案稀释效果较差,不推荐采用,24个上升管方案的稀释效果虽好,但上升管数多,工程投资大,也不推荐采用,最后综合考虑到工程经济、技术和环境等多方面因素,推荐采用20个上升管方案。

通过试验发现,各上升管污水在冒顶时基本混合,说明上升管个数的设计能满足要求。

10.6.6 结论

本工程推荐的扩散器各项参数如下:

扩散器长度:135 m;上升管数:20 支;各上升管开孔数:2 个;水平方位角:45°;射流角度:0°。

10.7 扩散器水力数值计算

10.7.1 水力设计中的有关参数

1. 管道粗糙系数

本工程选用钢管,考虑防腐处理,管道的粗糙系数取 $n=0.011$,粗糙度按 $0.0011\,\mathrm{m}$ 计算。

2. 扩散器长度

根据海域功能区划和污水排放初始稀释度要求,选取扩散器计算长度为 $135.0\,\mathrm{m}$。

3. 扩散器内径

扩散器内水平管首段管径为 $0.62\,\mathrm{m}$,往下变径及变径的长度依次根据计算比较需要确定。

4. 上升管与喷口

根据初始稀释度要求的扩散器可能长度变化区间,计算上升管数分别为 20 根,上升管间距为 $7.0\,\mathrm{m}$,上升管管径为 $0.2\,\mathrm{m}$,为保证射流出流的角度,采用导流管来引流,导流管管径为 $0.09\,\mathrm{m}$、$0.10\,\mathrm{m}$、$0.105\,\mathrm{m}$。采用上升管-双喷口形式。

5. 海水密度与污水密度

扩散器所在海域海水密度 $\rho_o=1.025$;排放污水密度 $\rho_s=0.99$。

6. 局部阻力系数

参考《给水排水设计手册》及有关文献资料,最后根据"水力学试验"结果确定。

导流管喷口收缩段:0.1;水平管收缩段:0.1;上升管与水平管连接处沿水平管方向:1.0;远岸(尾端)"L"形上升管进口:1.50+突缩的局部阻力系数;其他(除尾端)"⊥"形上升管进口:2.0+突缩的局部阻力系数。

7. 喷口以上水深

设计确定喷口以上水深为 $9.3\,\mathrm{m}$(设计水位条件下)。

8. 污水排放量

设计污水量根据提供的资料确定为 $6\times10^4\,\mathrm{m^3/d}$。

9. 喷射角度

根据扩散器近区污染物稀释扩散研究分析结果,在计算中取射流角度为 $0°$,水平方位角为 $45°$。

10.7.2 水力设计的数值模拟方法

1. 计算模型

计算模型为污水排海扩散器,该扩散器管道的长度为 $135.0\,\mathrm{m}$,首段内径为

0.62m,其上每隔 7m 布置一根上升管,共有 20 根,从入口端开始依次记为 1#～20#,每根上升管布有 2 个导流管喷口,图 10.7-1 为计算模型图。

图 10.7-1　计算模型图

2. 边界条件的确定

表 10.7-1 列出了模拟计算所采用的边界条件。

表 10.7-1　边界条件汇总

计算区域边界	标准 k-ε 模型
入流边界	Mass-flow-inlet
出流边界	Pressure-outlet
侧壁流体边界	无滑边界条件
顶部流体边界	无滑边界条件

3. 网格生成

网格剖分时,根据实际需要,采用不同的生成方式,最后所得网格类型:部分为结构网格,部分为非结构网格,体网格数平均在 700 万个左右。图 10.7-2 和 10.7-3 为总体网格图和局部网格分布图。

4. 数值模拟计算结果

计算结果如图 10.7-4～图 10.7-24,分别为整个排放管道纵截面水流速度流场图和 20 个上升管的局部纵截面水流速度流场图。

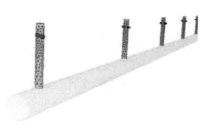

图 10.7-2　计算区域总体网格图

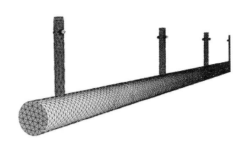

图 10.7-3　计算区域局部网格分布图

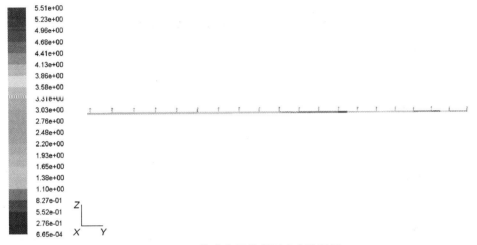

图 10.7-4　管道全局纵截面速度流场图

图 10.7-5　1♯上升管纵截面速度流场图

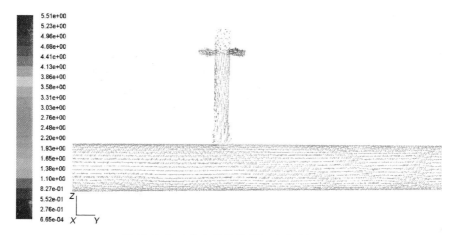

图 10.7-6　2♯上升管纵截面速度流场图

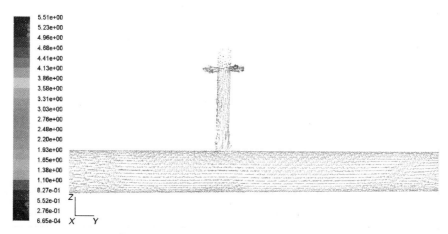

图 10.7-7　3♯上升管纵截面速度流场图

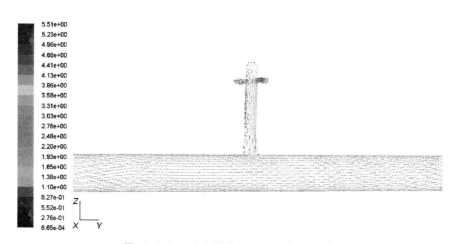

图 10.7-8　4♯上升管纵截面速度流场图

图 10.7-9　5♯上升管纵截面速度流场图

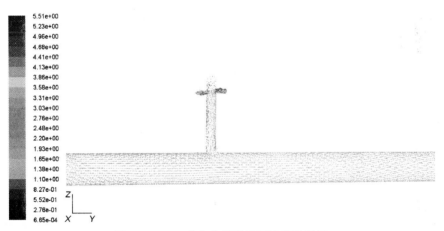

图 10.7-10　6♯上升管纵截面速度流场图

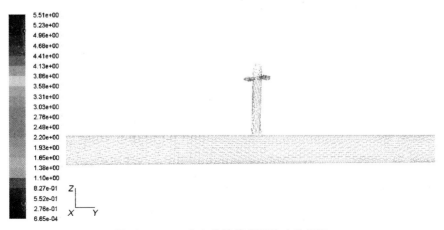

图 10.7-11　7♯上升管纵截面速度流场图

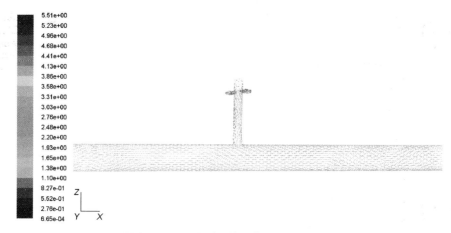

图 10.7-12　8#上升管纵截面速度流场图

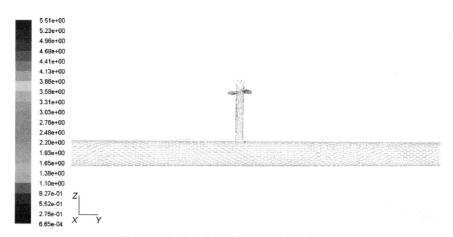

图 10.7-13　9#上升管纵截面速度流场图

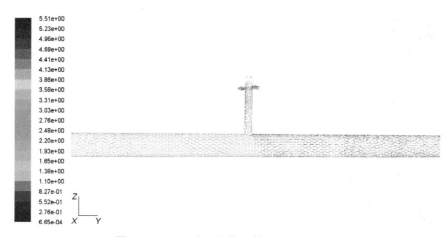

图 10.7-14　10#上升管纵截面速度流场图

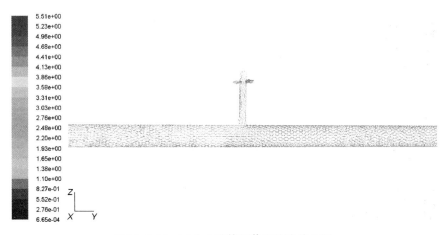

图 10.7-15 11♯上升管纵截面速度流场图

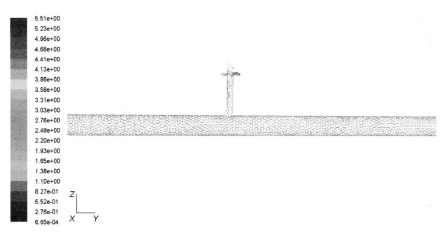

图 10.7-16 12♯上升管纵截面速度流场图

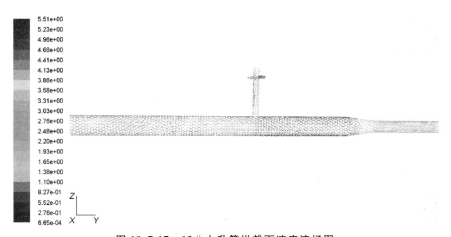

图 10.7-17 13♯上升管纵截面速度流场图

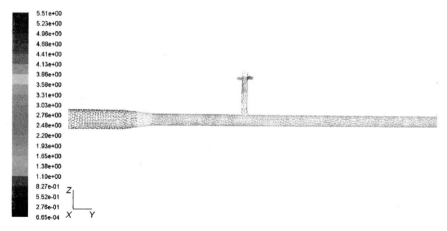

图 10.7-18　14♯上升管纵截面速度流场图

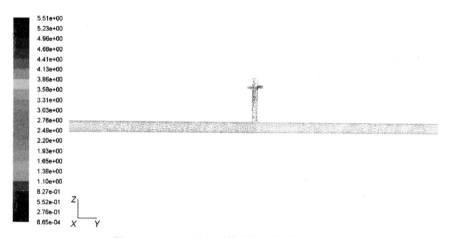

图 10.7-19　15♯上升管纵截面速度流场图

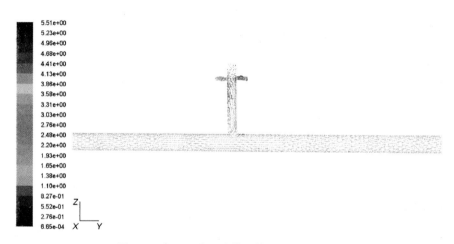

图 10.7-20　16♯上升管纵截面速度流场图

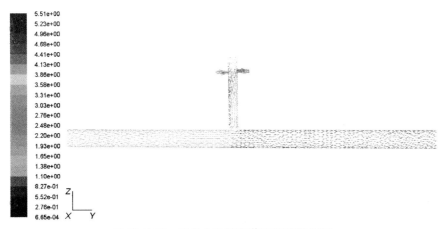

图 10.7-21　17＃上升管纵截面速度流场图

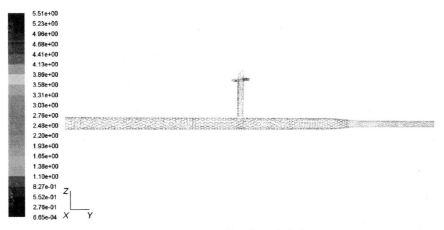

图 10.7-22　18＃上升管纵截面速度流场图

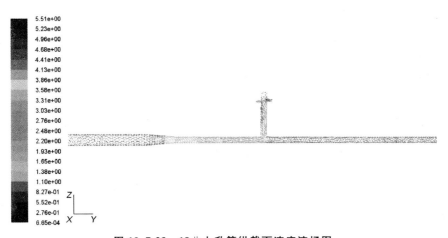

图 10.7-23　19＃上升管纵截面速度流场图

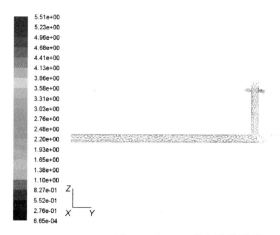

$$5.51e+00$$
$$5.23e+00$$
$$4.96e+00$$
$$4.68e+00$$
$$4.41e+00$$
$$4.13e+00$$
$$3.86e+00$$
$$3.58e+00$$
$$3.31e+00$$
$$3.03e+00$$
$$2.76e+00$$
$$2.48e+00$$
$$2.20e+00$$
$$1.93e+00$$
$$1.65e+00$$
$$1.38e+00$$
$$1.10e+00$$
$$8.27e-01$$
$$5.52e-01$$
$$2.76e-01$$
$$6.65e-04$$

图 10.7-24 20♯上升管纵截面速度流场图

10.7.3 扩散器的出流量、出流均匀性及水头损失计算

根据前述对扩散器出流量、出流均匀度和水头损失的计算,结果汇总列于表 10.7-2 中。

表 10.7-2 扩散器水力计算成果表

$D=0.2\,\text{m}$ $P_1=6.97\%$ $P_2=-7.88\%$ $Q=0.6944\,\text{m}^3/\text{s}$

上升管序号	1♯	2♯	3♯	4♯	5♯	6♯	7♯	8♯	9♯	10♯
主管直径/m					0.62					
主管流速/(m/s)	2.32	2.20	2.08	1.96	1.84	1.72	1.60	1.48	1.36	1.24
喷口直径/m					0.09					
喷口流量/(L/s)	18.00	17.59	18.15	17.82	17.66	17.68	17.64	17.73	17.88	17.81
喷口流速/(m/s)	2.83	2.77	2.85	2.80	2.78	2.78	2.77	2.79	2.81	2.80
局部阻力系数					2.45					
密度佛汝德数	16.02	15.68	16.13	15.85	15.74	15.74	15.68	15.79	15.91	15.85
水头损失/m					1.34 m					
上升管序号	11♯	12♯	13♯	14♯	15♯	16♯	17♯	18♯	19♯	20♯
主管直径/m			0.38						0.22	
主管流速/(m/s)	1.13	1.01	0.89	1.87	1.59	1.32	1.05	0.78	1.72	0.86
喷口直径/m			0.10						0.106	
喷口流量/(L/s)	17.62	17.55	17.66	17.02	17.00	17.28	16.78	17.35	16.41	16.78
喷口流速/(m/s)	2.77	2.76	2.78	2.68	2.67	2.72	2.64	2.73	2.58	2.64
局部阻力系数			2.36						2.09	1.59
密度佛汝德数	15.68	15.62	15.74	14.39	14.34	14.61	14.18	14.66	13.46	13.77
水头损失/m					1.34 m					

10.7.4　临界入侵流量和临界冲洗流量

1. 临界入侵流量

扩散器的临界入侵流量，计算如表 10.7-3 所列。

表 10.7-3　扩散器的临界入侵流量计算表

上升管序号		1#～13#	14#～18#	19#～20#
喷口直径 D_p/m		0.09	0.10	0.106
喷口临界流速 V_p/(m/s)		0.353	0.372	0.383
临界入侵流量 /(m³/s)	q_c	0.0584	0.0292	0.0135
	$Q_I = \sum q_c$	0.1012		

2. 临界冲洗流量

本方案中发生循环阻塞时的临界冲洗流量计算结果见表 10.7-4。

表 10.7-4　循环阻塞的临界冲洗流量计算结果表（$D_r = 0.2$ m）

上升管序号		1#～13#	14#～18#	19#～20#
主管直径 D/m		0.62	0.38	0.22
主管、上升管摩阻系数		0.00435	0.0466	0.0508
临界冲洗密度佛汝德数 F_c		3.096	3.091	3.085
喷口直径 D_p/m		0.09	0.10	0.106
临界流速 V_c/(m/s)		0.547	0.576	0.591
临界冲洗流量 /(m³/s)	Q_p	0.0904	0.0452	0.0209
	$Q_p = \sum q_p$	0.1565		

3. 盐水楔阻塞

本方案中发生盐水楔阻塞时的临界冲洗流量计算结果见表 10.7-5。

表 10.7-5　盐水楔阻塞的临界冲洗流量计算结果表

上升管序号		1#～13#	14#～18#	19#	20#
上升管直径 D_r/m		0.20			
主管直径 D/m		0.62	0.38	0.22	
主管沿程阻力系数		0.0177	0.0208	0.0250	
上升管的局部阻力系数		2.45	2.36	2.09	1.59
临界冲洗密度佛汝德数 F_c		2.98	2.69	1.72	1.81
喷口直径 D_p/m		0.09	0.10	0.106	
临界流速 V_c/(m/s)		0.526	0.501	0.329	0.347
临界冲洗流量 /(m³/s)		0.0870	0.0393	0.0029	0.0031
	$Q_p = \sum q_p$	0.1323			

4. 临界冲洗流量

比较循环阻塞的临界冲洗流量和盐水楔阻塞的临界冲洗流量说明,冲洗时因海水入侵而形成的循环阻塞所需的污水排放流量大于因海水入侵而形成的所需的污水排放流量,故在工程设计中,先以冲洗循环阻塞为控制条件。

10.7.5 结论

扩散器净长度为135.0m,上升管数分别为20根,立上升管间距为7.0m,其主要水力特征见表10.7-6所示。

表10.7-6 扩散器主要水力特征表

$D=0.2\,m \quad P_1=6.97\% \quad P_2=-7.88\% \quad Q=0.6944\,m^3/s$

上升管序号	1#	2#	3#	4#	5#	6#	7#	8#	9#	10#
喷口流量/(L/s)	18.00	17.59	18.15	17.82	17.66	17.68	17.64	17.73	17.88	17.81
主管流速 V/(m/s)	2.32	2.20	2.08	1.96	1.84	1.72	1.60	1.48	1.36	1.24
喷口流速 V_p/(m/s)	2.83	2.77	2.85	2.80	2.78	2.78	2.77	2.79	2.81	2.80
不淤排放流量/(m³/s)	0.2263									
临界入侵流量/(m³/s)	0.1012									
临界冲洗流量/(m³/s)	0.1562									
上升管序号	11#	12#	13#	14#	15#	16#	17#	18#	19#	20#
喷口出流量/(L/s)	17.62	17.55	17.66	17.02	17.00	17.28	16.78	17.35	16.41	16.78
主管流速 V/(m/s)	1.13	1.01	0.89	1.87	1.59	1.32	1.05	0.78	1.72	0.86
喷口流速 V_p/(m/s)	2.77	2.76	2.78	2.68	2.67	2.72	2.64	2.73	2.58	2.64
不淤排放流量/(m³/s)	0.2263									
临界入侵流量/(m³/s)	0.1012									
临界冲洗流量/(m³/s)	0.1562									

10.8 扩散器水力物模试验分析

10.8.1 基本参数

污水排放量:$6×10^4\,m^3/d$;

扩散器长度:135.0m;

上升管高度:1.5m;

上升管个数:20个;

喷口总数:40个;

喷口直径:0.09m、0.10m、0.106m。

10.8.2 模型设计

（1）

几何比例尺：$\lambda_l = 10$；

流量比例尺：$\lambda_Q = \lambda_l^{5/2} = 316$；

流速比例尺：$\lambda_v = \lambda_l^{1/2} = 3.16$；

糙率比例尺：$\lambda_n = \lambda_l^{1/6} = 1.468$；

（2）模型材料。采用有机玻璃管，糙率 $n = 0.008$；原形钢管的糙率，若为新钢管时 $n = 0.011$，一般 $n = 0.012$，则糙率比例尺 $\lambda_n = 0.011/0.008 = 1.375$，$\lambda_n = 0.012/0.008 = 1.5$，基本上可以满足要求。

（3）模型设计的主要参数

① 主管参数

流量：$Q = 2.19 \, \text{L/s}$ 内径：$D = 6.2 \, \text{cm}$

流速：$V = 78.8 \, \text{cm/s}$ 雷诺数：$R_{ej} = 44706$

② 上升管参数

流量：$Q = 0.109 \, \text{L/s}$ 内径：$D = 0.02 \, \text{cm}$

流速：$V = 34.99 \, \text{cm/s}$ 雷诺数：$R_{ej} = 6929$

从上述计算可知，水平放流管和上升管的雷诺数均大于临界雷诺数，说明选用的几何比例尺，按重力准则设计模型均可满足水流相似条件；根据莫迪的图查得，扩散器方案的水平放流管处于光滑管曲线上，而上升管则处于过渡区。由于扩散器—上升管系统中沿程阻力一般为全部阻力的 30% 左右，而局部阻力是主要的，由于导流管较短，阻力相对比较小，因此在试验中不进行验证。放流管和上升管尽管未处于阻力平方区，但对试验成果影响很小。局部阻力主要取决于排污管道系统的形状，因此提高模型的加工精度，保证局部阻力相似是很重要的。

表 10.8-1 水平放流管、上升管及导流管内径的原形、模型尺寸及实测值的比较（单位：mm）

原形上升管内径 $D_r = 200 \, \text{mm}$ 模型实测上升管内径 $D_r = 20 \, \text{mm}$

尺寸项目比例尺（1：10）		1#~13#	14#~18#	19#~20#
原型设计尺寸	主管	620	380	220
	喷口	90	100	106
模型设计尺寸	主管	62	38	22
	喷口	9	10	10.6
模型实测尺寸	主管	60	38	22
	喷口		9	
换算原型尺寸	主管	600	380	220
	喷口		90	

10.8.3 试验方案设计

根据扩散器设计方案,共进行 4 组次试验。

第一组。20 根上升管,共进行 5 次试验;

第二组。18 根上升管,将 20♯、19♯ 上升管堵塞,共进行 5 次试验;

第三组。13 根上升管,将 20♯、19♯、18♯、17♯、16♯、15♯、14♯ 上升管堵塞,共进行 5 次试验;

第四组。20 根上升管,改变上升管内径后,共进行 5 次试验。

10.8.4 试验结果分析

1. 喷口出流均匀性分析

(1)出流均匀性

试验成果如表 10.8-2～表 10.8-4 所示。

(2)出流均匀性试验分析

① 从表 10.8-2 第一组试验成果可以看出,出流不均匀度大于±10%,不能满足要求。从每根上升管喷口的流量分析,20♯、19♯ 上升管喷口流量偏小,说明全部上升管采用同一直径是不合适的。

② 从表 10.8-3 第二组试验成果可以看出,出流不均匀度仍然大于±10%,不能满足试验要求。从每根上升管喷口的流量分析,18♯、17♯、16♯、15♯、14♯ 上升管喷口流量偏小,说明全部上升管采用同一直径是不合适的。

③ 从表 10.8-4 第三组试验成果可以看出,出流不均匀度在±5% 之内,当封堵 20♯、19♯、18♯、17♯、16♯、15♯、14♯ 上升管喷口后,出流均匀度能够很好地满足要求。

结合水力数值模拟,当喷口直径为 0.09 m、0.10 m、0.106 m 时,喷口均匀性能满足要求,此处由于模型材料不能满足要求,喷口皆选用 0.09 m,造成喷口出流均匀性变差,当堵塞相应管道后,如第三组试验所以,出流不均匀度在±(5%～10%)内,可以满足设计要求。

表 10.8-2 扩散器喷口出流均匀性试验分析成果汇总表
第一组试验,20 根上升管

	上升管序号	喷口	1	2	3	4	5
喷口出流量/ (mL/s)	1♯	A	71.8	40.4	51.7	56.9	67.2
		B	72.9	41.1	52.3	57.3	66.8
	2♯	A	67.3	41.9	49.8	52.5	61.6
		B	68.1	40.2	49.5	53.3	62.3
	3♯	A	73.5	41.6	51.5	56.9	67.2
		B	74.4	40.5	52.5	57.8	66.6
	4♯	A	71.2	41.2	51.8	57.1	68.4
		B	71.6	39.1	51.0	57.9	67.6

上升管序号	喷口	1	2	3	4	5
5#	A	64.9	39.2	50.7	51.9	61.8
	B	65.6	38.7	51.1	52.5	62.5
6#	A	64.6	40.8	47.3	49.8	60.7
	B	65.4	40.5	46.9	50.5	61.2
7#	A	66.4	39.8	48.5	52.3	60.3
	B	66.8	40.3	49.3	51.9	59.7
8#	A	78.5	41.0	51.9	58.1	73.7
	B	79.5	38.8	52.2	57.5	74.1
9#	A	78.8	40.5	50.6	57.9	73.1
	B	79.7	41.7	48.4	57.2	72.7
10#	A	77.3	39.5	52.5	49.8	71.0
	B	78.4	38.8	51.6	50.6	70.5
11#	A	69.8	41.1	48.0	52.9	63.8
	B	71,1	39,8	49,1	53,2	63,5
12#	A	65.7	36.9	42.9	47.0	59.8
	B	67.2	36.7	43.5	47.7	60.4
13#	A	65.0	33.1	42.3	49.0	60.7
	B	66.6	33.7	41.6	49.3	61.6
14#	A	65.0	30.3	37.3	44.3	59.1
	B	66.4	31.2	37.8	44.7	55.8
15#	A	62.4	31.4	37.5	44.4	55.1
	B	64.4	32.2	38.6	43.9	56.4
16#	A	63.8	30.4	37.5	44.1	54.3
	B	64.2	30.7	38.4	43.6	57.8
17#	A	63.8	30.8	38.3	44.3	55.0
	B	64.7	31.5	39.1	44.4	55.9
18#	A	62.8	30.1	39.3	44.6	56.4
	B	64.9	31.0	38.0	44.8	54.6
19#	A	59.3	30.9	37.7	43.6	56.5
	B	60.1	31.3	38.2	44.4	54.9
20#	A	59.9	31.1	37.8	43.6	55.5
	B	61.5	31.6	38.1	43.8	54.2
$Q/(\text{L/s})$		2.72	1.46	1.81	2.01	2.48
原形 $Q/(\text{m}^3/\text{s})$		0.86	0.46	0.57	0.63	0.78
$P_1/(\%)$		17.0	14.6	15.9	15.7	19.5
$P_2/(\%)$		−12.9	−17.6	−17.7	−13.1	−12.6

（喷口出流量/(mL/s)）

表 10.8-3　扩散器喷口出流均匀性试验分析成果汇总表
第二组试验,18 根上升管

上升管序号	喷口	1	2	3	4	5
1#	A	67.1	50.0	99.3	93.3	75.8
	B	67.6	50.6	98.6	92.2	76.2
2#	A	61.3	46.7	93.7	87.7	74.7
	B	61.8	46.2	93.3	88.1	74.5
3#	A	62.4	43.7	86.9	85.4	71.7
	B	63.2	44.6	87.4	86.2	71.0
4#	A	61.2	45.1	88.8	85.5	70.2
	B	62.9	45.5	88.2	86.3	70.8
5#	A	63.8	43.9	89.6	87.5	70.5
	B	63.0	43.4	89.5	88.4	70.3
6#	A	66.8	50.5	98.1	92.7	76.9
	B	66.2	49.5	98.7	92.5	76.7
7#	A	66.5	50.2	98.7	93.9	77.2
	B	67.1	50.8	98.9	93.8	77.5
8#	A	68.4	50.5	99.2	91.9	77.4
	B	67.6	50.6	99.1	90.9	77.2
9#	A	62.5	46.5	92.4	90.4	72.7
	B	63.4	47.2	92.0	90.5	72.2
10#	A	61.1	42.3	84.0	86.5	72.5
	B	60.0	41.8	84.6	84.3	72.6
11#	A	59.4	42.9	85.9	83.5	65.2
	B	60.2	42.5	85.5	84.6	65.6
12#	A	59.5	42.7	82.4	82.9	66.6
	B	59.2	42.2	82.8	83.7	65.9
13#	A	59.1	44.3	83.5	79.6	65.3
	B	59.9	44.0	83.1	78.7	65.4
14#	A	61.5	43.6	82.5	76.1	65.1
	B	61.4	42.3	81.7	76.9	64.3
15#	A	58.4	49.8	82.6	75.2	63.5
	B	59.4	49.3	81.9	75.8	62.6
16#	A	58.9	41.9	81.3	74.5	62.7
	B	58.8	41.0	81.3	74.1	62.3

（喷口出流量/(mL/s)）

续表

上升管序号	喷口	1	2	3	4	5
17#	A	58.3	41.9	80.6	73.6	61.6
	B	58.2	42.4	81.5	73.4	61.9
18#	A	58.6	41.8	80.4	73.9	61.1
	B	57.2	41.7	81.2	73.6	62.3
19#	A					
	B					
20#	A					
	B					
$Q/(L/s)$		2.23	1.63	3.18	3.03	2.50
原形 $Q/(m^3/s)$		0.71	0.52	1.00	0.96	0.79
$P_1/(\%)$		10.4	11.9	12.4	11.6	11.6
$P_2/(\%)$		−7.7	−9.7	−9.0	−12.7	−12.0

（第一列标题：喷口出流量/（mL/s））

表 10.8-4 扩散器喷口出流均匀性试验分析成果汇总表
第三组试验，13 根上升管

上升管序号	喷口	1	2	3	4	5
1#	A	68.9	83.4	94.9	115.5	144.7
	B	67.8	82.9	95.8	116.7	144.9
2#	A	67.3	81.8	90.2	107.0	129.0
	B	67.7	81.4	90.0	107.7	128.8
3#	A	64.3	78.2	88.3	105.7	134.1
	B	64.5	78.5	87.6	105.1	133.3
4#	A	65.8	78.3	90.9	106.6	130.2
	B	65.8	77.8	90.1	106.3	129.2
5#	A	66.5	83.3	94.7	112.6	146.8
	B	67.4	84.6	94.8	112.9	146.4
6#	A	68.1	84.5	95.6	114.2	145.5
	B	68.5	85.4	96.3	113.5	144.1
7#	A	67.7	84.3	97.1	113.7	142.8
	B	68.6	85.1	97.2	113.3	142.2
8#	A	64.2	79.0	88.7	106.3	138.4
	B	64.9	79.5	88.5	105.5	138.3
9#	A	60.5	77.7	86.5	105.7	135.8
	B	61.8	76.9	86.3	105.1	135.0

（第一列标题：喷口出流量/（mL/s））

上升管序号	喷口	1	2	3	4	5
10#	A	59.6	76.6	85.2	103.3	127.5
	B	59.1	76.2	86.1	102.9	127.4
11#	A	58.7	75.6	84.8	101.9	125.5
	B	58.2	75.5	84.1	101.4	125.1
12#	A	58.4	75.0	83.3	100.0	124.7
	B	58.8	74.8	83.5	99.8	125.3
13#	A	58.6	74.1	82.6	98.7	123.3
	B	59.1	74.5	83.9	97.6	123.8
14#	A					
	B					
15#	A					
	B					
16#	A					
	B					
17#	A					
	B					
18#	A					
	B					
19#	A					
	B					
20#	A					
	B					
$Q/(L/s)$		1.66	2.06	2.33	2.78	3.49
原形 $Q/(m^3/s)$		0.52	0.65	0.74	0.88	1.10
$P_1/(\%)$		7.9	7.5	8.6	9.2	9.3
$P_2/(\%)$		−8.9	−6.7	−7.7	−8.7	−8.2

（左侧竖排：喷口出流量/（mL/s））

2. 水头损失和阻力系数

（1）局部阻力系数

局部阻力系数试验成果如表10.8-5所示。从表10.8-5可看出,在一些段上试验成果与设计采用的值相差较大,原因是在模型制作时存在粗糙以测压管因素,因而造成误差较大。

通过试验成果与设计采用值比较,误差最大值为2.08%,说明设计采用的局部阻力系数是合适的。

表 10.8-5 局部阻力系数试验成果表

序 号	$Q/(m^3/s)$	渐变段1	渐变段2
1	0.86	0.33	0.331
2	0.46	0.31	0.327
3	0.57	0.305	0.331
4	0.63	0.338	0.341
5	0.78	0.295	0.344
6	0.44	0.311	0.351
7	1.02	0.341	0.353
8	0.93	0.335	0.347
9	0.82	0.308	0.33
10	0.69	0.312	0.332
平均$\bar{\zeta}$	—	0.3185	0.3387
设计ζ	—	0.312	0.332
$P=\overline{\Delta\zeta}\times100\%$	—	2.08%	2.02%

(2) 扩散器总水头损失的检验

根据计算的扩散器总水头损失与试验中流量相近的水头损失进行比较如下:

① 计算:流量:$6\times10^3\,m^3/d$;扩散器总水头损失:$\Delta h=134\,cm$

② 试验:流量:2.198 L/s;扩散器总水头损失:$\Delta h=123\,cm$

误差:8.21%

图 10.8-1 水力试验模型图

10.8.5 结论

根据初步分析计算,本试验设计的模型及选用的模型比例尺可以满足工程设计的要求,模型采用体积法测量喷口出流量、用测压管量测各点的测压管水位,计算水头损失,均具有足够的精度,在多次测量中有很好的重要性。

在喷口出流均匀性试验中,取得了满意的成果,根据分析研究模型的试验成果为扩散器的优化设计提高了依据。

从扩散器水平管与上升管的水头损失和阻力系数试验中,验证了扩散器水力设计中采用的局部阻力系数是合适的。

第11章 惠州大亚湾污水排海工程扩散器设计实例

11.1 工 程 概 况

11.1.1 项目背景

惠州大亚湾石油化学工业区位于广东省惠州市南部,南临南海大亚湾,规划总面积 27.8 km²。石化区经过八年来的开发建设,80 万吨/年乙烯项目顺利投产,1200 万吨/年炼油项目已于 2009 年上半年投产,石化中下游产业链发展态势良好,石化区作为中国石油和化学工业示范园区,已成为惠州市经济发展的主要推动因素和广东省沿海石化产业带的重要组成部分。

石化区遵循"油化"结合、引入世界大型化工区的"一体化"先进理念,面向国内外市场,立足于引进世界先进的化工企业和生产技术,重点发展高附加值、高技术含量的石化深加工产品、高新技术材料、专用化学品和精细化工产品,建成环境保护和经济发展协调统一的世界级石油化学工业区。目前,石化区已吸引来自美国、英国、法国、德国、日本等国家和中国台湾、香港等地区的国际化工及相关工业的知名企业落户,截至 2009 年 3 月,已落户石化区的项目共计 46 个,总投资额逾 900 亿元人民币。在石化区,炼油、乙烯及其中、下游产业链已初步形成,已建成的配套公用工程基本适应目前需求,管理、协调、服务体系正逐步完善。石化区拥有大项目的巨大带动效应,具有十分便利的交通和港口条件,有功能完善的公用工程一体化服务。

11.1.2 污水排海工程建设必要性

石化区目前已建成污水处理能力 5.2×10^3 m³/d 的污水处理装置,专门处理中下游废水的石化区污水处理厂 2.5×10^3 m³/d。该污水处理厂还预留有 8×10^3 m³/d 污水处理能力的发展用地。石化区内所有废水经处理达标后,通过石化区唯一的一条且属于中海壳牌公司的排污管道进行排放,该排海管道总长 24 km(包括陆地 2 km),管径 762 mm。该管线目前最大排海能力为 2700 m³/h。

根据目前排污量统计,100 万吨/年规模乙烯项目实际污水排放量为 746 m³/h;中海炼油实际污水排放量为 275 m³/h,中下游项目实际污水排放量为 119 m³/h,实际总污水量为 1140 m³/h。污水排海管道尚有 1560 m³/h 的富裕能力可以利用。按照近期产业规划,石化区炼油规模将达到 2200 万吨/年,乙烯规模将达到 200 万吨/年,预估 2200 万吨/年炼油项目排污水量为 660 m³/h,200 万吨/年乙烯工程排污水量为 1644 m³/h,中下游项目产生污水排海量为 250 m³/h,总排污水量约为 2554 m³/h,比现有的排海管道排海能力小 146 m³/h。如若按照近期石化区炼油规模将达到 3200 万吨/年,乙烯规模将达到 300 万吨/年,预估工程完成后总的污水量将达到 3372 m³/h,现有排海污水管线 2700 m³/h 的排海能力不能满足近期工程的污水排放需要。另外,石化区现有的排污管线终端排污点所在位置处于大亚湾湾口以内。根据最新的环境功能区划文件要求,本排污海域执行三类海水水质标准,排污混合区面积十分有限,为保护大亚湾海域及周边自然保护区的水产资源和生态环境,应当严格控制该区域的污水排污量。

根据以上需求,大亚湾化工园区进行了新污水排海管线工程的整体工作。污水排海工程整体长度 37 km,其中陆域管线长度 2 km,海域管线长度 35 km。

11.2 扩散器设计基础资料

11.2.1 工程条件

污水排放量:3800 m³/h(设计污水排放量);

污水密度:0.99 g/cm³;

污染物排放浓度:执行广东省地方标准《水污染物排放限值》(DB44/26-2001)一级标准(第二时段),见表 11.2-1。

表 11.2-1 排污管线污染物排放浓度标准(单位:mg/L,pH 除外)

项　　目	SS	氨氮	总铜	总锌	磷酸盐	石油类
标　　准	60	10	0.5	2.0	0.5	5.0
项　　目	COD	BOD	挥发酚	总氰化物	pH	色度
标　　准	100	30	0.3	0.3	6～9	50
项　　目	甲醛	总锰	硝基苯	氟化物	硫化物	苯胺
标　　准	1.0	2.0	2.0	10	0.5	1.0

11.2.2 海洋条件

1. 潮汐

大亚湾潮汐的潮性系数介于 1.55～1.95 之间,潮汐属于不正规半日潮型。海域潮位情况如表 11.2-2 所示。

表 11.2-2　潮位特征值表

最高高潮位	2.86 m	平均潮差	0.43 m
最低低潮位	0.24 m	最大潮差	2.34 m
平均高潮位	1.07 m	平均低潮位	0.64 m

2. 温度和盐度

夏季表层水温分布范围为 27.17~30.66℃,底层为 21.39~27.36℃;水温水平分布变化均由湾顶向湾外递减。冬季表层水温分布范围为 17.03~18.03℃,底层为 17.00~18.00℃;水温水平分布变化比较均匀。夏季表层 5 m 的水温明显高于 5 m 以下的水温;冬季底层水温与表层基本一致。

夏季表层盐度分布范围在 29.08~34.31 之间,底层变化范围为 33.78~34.41;盐度变化自湾顶向湾外递增。冬季表层盐度分布范围为 32.47~32.72,底层变化范围为 32.47~32.71;盐度水平变化比较均匀。夏季的底层盐度大于表层;冬季的底层盐度与表层基本一致。

3. 潮流

从所统计的流速极值来看,各垂线涨潮最大流速接近于表层,落潮最大流速 0.6H 层为多。大潮涨潮流速大于落潮流速,小潮则相反。大潮最大流速比小潮最大流速大。大潮涨潮垂线平均最大流速的量值在 0.12~0.27 m/s 之间,小潮在 0.053~0.18 m/s 之间;大潮落潮垂线平均最大流速的量值在 0.70~0.23 m/s 之间,小潮在 0.046~0.19 m/s 之间。排污口所在的大亚湾湾口海域潮流均为旋转性潮流,排污口海域最大可能流速 51.06 cm/s 左右,流向均为偏 E 方向。

4. 余流

大亚湾海区余流变化受地形与风场影响较大,一般流速介于 1.0~26.0 cm/s 之间,湾内余流值较小,湾外较大。

5. 波浪

大亚湾内各级波高最多波向为 ESE 和 SE,总出现频率为 62.7%;大风浪波向主要为 ESE 和 SE,年平均波高为 0.8 m,最大波高为 4.6 m。平均波高随季节变化不大,但最大波高的变化则较大,春季月平均波高为 0.7~0.8 m,最大波高为 2.4 m;夏季月平均波高为 0.6~0.7 m,最大波高为 3.2 m;秋季月平均波高为 0.8~1.0 m,最大波高为 4.6 m;冬季月平均波高为 0.8 m,最大波高为 2.7 m。

6. 水深

排放点水深:23 m;喷口水深:22 m。

7. 水环境背景值

根据国家海洋局南海环境监测中心站于 2014 年对排污工程附近海域进行的水环境现场监测数据,排放海域水环境背景值见表 11.2-3。

表 11.2-3　惠州大亚湾污水排海管线排污口海域水质质量现状监测结果

项　目	涨　潮		落　潮	
	范围	平均值	范围	平均值
pH	8.11～8.38	8.24	8.06～8.43	8.25
水温/℃	26.7～31.4	28.6	26.3～31.2	28.6
SS	7.4～22.8	10.4	6.8～19.1	10.0
磷酸盐(活性)/(μg/L)	1.0～10.4	2.3	1.0～8.6	2.7
石油类(油类)	0.010～0.053	0.029	0.011～0.067	0.028
硫化物/(μg/L)	1.4～2.5	2.0	1.5～2.1	1.8
氨氮(无机氮)/(μg/L)	10.3～246.5	73.2	11.0～181.3	66.2
总铜/(μg/L)	0.26～1.38	0.74	0.51～1.05	0.76
总锌/(μg/L)	4.5～16.7	10.2	6.7～17.0	11.9

注：pH 量纲为 1，除特别注明，其他单位为 mg/L。

11.2.3　排放海域环境功能区划

根据《广东省近岸海域环境功能区划》粤府办〔1999〕68 号、《关于对调整惠州市惠东县部分近岸海域环境功能区划意见的函》粤环函〔2006〕969 号、《关于对惠州市局部调整大亚湾近岸海域环境功能区划意见的函》粤环函〔2007〕2 号、《关于对大亚湾荃湾港区海洋环境功能区划有关意见的函》粤环办函〔2006〕263 号，排污口位于大亚湾水产资源保护区离岸的其他地区，所处海域水质执行第一类海水水质标准。

11.3　工程控制要求

11.3.1　最小初始稀释度

惠州第二条污水排海管线排放口位于大亚湾海域，海域水质要求达海水水质一类标准。根据《污水海洋处置工程污染控制标准》(GB18486-2001)中对污水海洋处置工程的初始度的规定，污水海洋处置排放点的选取和放流系统的设计应使其初始稀释度在一年 90％的时间保证率下满足表 11.3-1 规定的初始稀释度要求。

为了保护水体环境，对污水海洋处置工程，一般都要规定一个初始稀释度的数值，并以此作为污水海洋处置工程初始稀释度的最低值，参考国内外工程实例，在本工程中取 100 作为最小初始稀释度。

表11.3-1　90%时间保证率下初始稀释度要求

排放水域	海　　域	
水质类别	第三类	第四类
初始稀释度	45	35

注：对经特批在第二类海域划出一定范围设污水海洋处置排放点的情形，按90%保证率下初始稀释度≥55。

11.3.2　混合区允许范围

大亚湾污水排海管线排污口混合区范围，根据《大亚湾石化区第二条污水排海管线排污口选划研究报告》的计算分析要求，按照计算所得的污染物最大的混合区面积1.39 km²，其排污区可以考虑为一个以排污口为中心，半径约665 m的一个圆。同时，这个混合区满足《污水海洋处置工程污染控制标准》中有关该排污海域混合区的规定，允许混合区范围≤3.0 km²。因此本海域混合区按1.39 km²考虑（扩散区中心665 m半径范围内）为依据，半径665 m以外海域执行海水水质一类标准。

11.3.3　设计达标稀释度

污水排放口附近允许有水质超标的混合区存在，但混合区边沿的水质浓度必须满足排放水域环境功能的水质目标要求，若排放水域外还有高功能水域，则污水在该水域边沿还必须满足高功能的水质目标要求。达到水质目标的稀释度称为达标稀释度。不同污染物、不同的水质目标，就有不同的达标稀释度，分析计算时以最大的稀释度作为依据，即为设计达标稀释度。根据排污海域一类海域，距离扩散器665 m混合区外为一类海域，海水水质目标为一类海水水质。对主要污染物的达标稀释度分析计算，其结果列于表11.3-2中。

表11.3-2　达标稀释度分析计算结果

污染物	标准浓度/(mg/L)	现状浓度/(mg/L)	排放浓度/(mg/L)	达标稀释度
悬浮物	10	10.2	60	—
氨氮	0.2	0.0697	10	76
磷酸盐	0.015	0.0025	0.5	39.8
石油类	0.05	0.0285	5.0	231
硫化物	0.02	0.0019	0.5	27.5
总铜	0.005	0.00075	0.5	117
总锌	0.020	0.01105	2.0	222

在主要污染物起控制作用的是石油类和总锌，在一类水质排污海域中，石油类达标稀释度最大为231，由于其大于选取的最小初始稀释度，因此初始选用的最小初始稀释度100小于达标稀释度，需进行调整，综合考虑选取稀释度240作为本次计算中的设计达标稀释度。

11.4 扩散器初步设计计算

11.4.1 扩散器长度范围计算分析

根据排污海域的水质要求及初始稀释度进行计算,基于计算取得的扩散器的最大最小值,在留有余地的前提下确定扩散器的长度范围为:92～162 m。如在计算长度范围内进行相关试验则方案较多,因此,结合扩散器设计相关工程经验以及综合考虑本污水工程排放海域执行一类水质标准,水质要求比较高,在此范围内选取扩散器长度方案(92 m,154 m)进行物理模型试验,在此基础上确定扩散器方案。

11.4.2 扩散器的管径分析

扩散器的管径设计,考虑管内流速最小不小于 0.6～0.9 m/s,同时管内流速不宜过大(一般应避免管内流速超过 2.4～3.0 m/s),以免由于水头损失增加而提高工程的运行费用,本工程结合工程近期和远期的实际需要,计算可得其管径为 780 mm(流速取 2.2 m/s,半径为 390 mm)。

11.4.3 扩散器上升管间距计算分析

根据大亚湾附近海域的实际情况,考虑涨潮时的海水水位的变化,为了安全起见,同时结合该工程实际情况,对上升管间距进行两种方案研究,对于长度为 92 m 的上升管其间距推荐为 10.0 m,对于长度为 154 m 的上升管间距推荐为 8.0 m,两种长度方案的头尾部各留 1.0 m,本值将在物理模拟试验中验证。

11.4.4 上升管喷口计算分析

由之前计算可得,当扩散器长度为 92 m,上升管间距为 10.0 m,上升管管数为 10 支,考虑扩散要求,每支上升管设置 4 个喷口,则共有 40 个喷口,喷口直径为 0.106 m;当扩散器长度为 154 m,上升管间距为 8.0 m,上升管管数为 20 支,考虑扩散要求,每支上升管设置两个喷口,则共有 40 个喷口,喷口直径为 0.106 m。

11.4.5 喷口水平方位角分析

据前述理论,对本工程,提出水平方位角为 0°、45°、90°等三个方案,作为物理模型试验方案来验证。

11.4.6 喷口射流角度分析

据前述理论,对本工程,提出射流角度为 10°、20°、30°等三个方案,作为物理模拟试验的方案来验证。

11.4.7 成果

根据《污水海洋处置工程污染控制标准》(GB18486-2001),结合本工程的环境保护要求和排放海域的环境参数及相关计算模式,通过理论研究计算,参考国内外工程实例,在本部分中根据计算结果,按照不同扩散器长度、上升管间距、上升管数量、上升管喷口数、水平方位角和射流角度等参数,提出 15 种扩散器初步设计方案,为物理模拟试验研究提供技术支持和参考依据,见表 11.4-1。

同时,鉴于扩散器在保持排放量和喷口面积相等,即射流速度不变的情况下,起始稀释随着孔径减小而增加,每一上升管布置多个喷口可以减少耗资较大的上升管数,喷口个数越多,越有利于污水的稀释扩散。所以,对于初步设计方案进行综合考虑,最终确定其扩散器初步方案如表 11.4-1 所示。

表 11.4-1 扩散器初步设计方案

扩散器长度		92 m			154 m	
上升管间距		10.0 m			8.0 m	
上升管数量		10 支			20 支	
上升管喷口数		4 个			2 个	
水平方位角		0°	45°	0°	45°	90°
射流角度	10°	√	√	√	√	√
	20°	√	√	√	√	√
	30°	√	√	√	√	√

11.5 扩散器环境效应数值模拟计算

11.5.1 计算模型设置

1. 计算范围与网格设置

排污口位于大亚湾湾口,水深在 24～25 m 之间,模型计算范围东边界到 114°54′12″E,南边界到 22°22′12″N,南北距离约 20 km,东西距离约 52.5 km。模型计算网格采用不规则三角网格,对排污口区域进行局部加密,模拟区域三角网格节点数有 10 165 个,三角形个数为 18 955 个,计算网格图见图 11.5-1,模型范围及验证点位置见图 11.5-2。

2. 基本资料

(1)地形资料

水下地形文件采用海军司令部航海保证部海图 15369(大亚湾)及 15970(大星山角至桂山岛)。

(2)潮流及水位验证资料

水文资料采用 2016 年测量的潮流资料资料,共有 3 个潮流站和 2 个潮位站,详细见图 11.5-2。

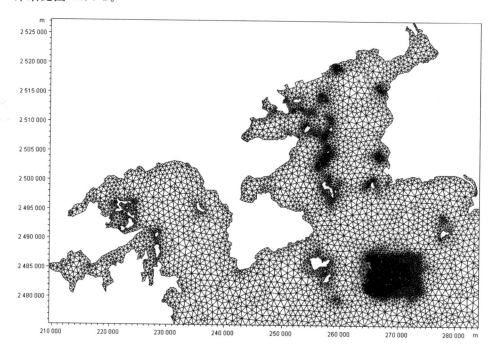

图 11.5-1　计算网格图

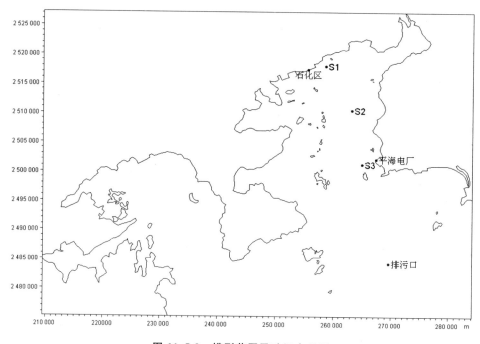

图 11.5-2　模型范围及验证点位置

11.5.2 计算结果及验证

1. 模型验证

采用大亚湾海域 2 个潮位观测站的观测的潮位实测资料及 3 个潮流观测站的大潮实测资料对模型进行验证。验证点位置如图 11.5-2 所示。测站潮位、流速、流向实测值与计算值的验证曲线图见图 11.5-3～图 11.5-4,其中黑线代表实际观测数据,又号代表计算结果。由潮位、流速、流向验证结果可见,各测站计算值与实测值二者总体趋势差异不大,流速、流向的变化过程基本吻合。

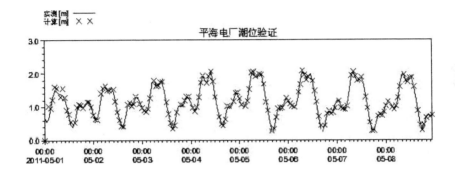

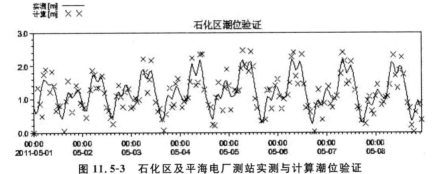

图 11.5-3　石化区及平海电厂测站实测与计算潮位验证

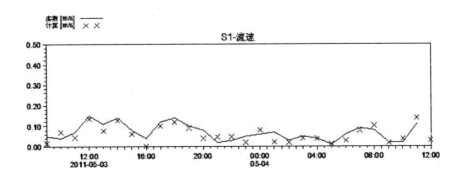

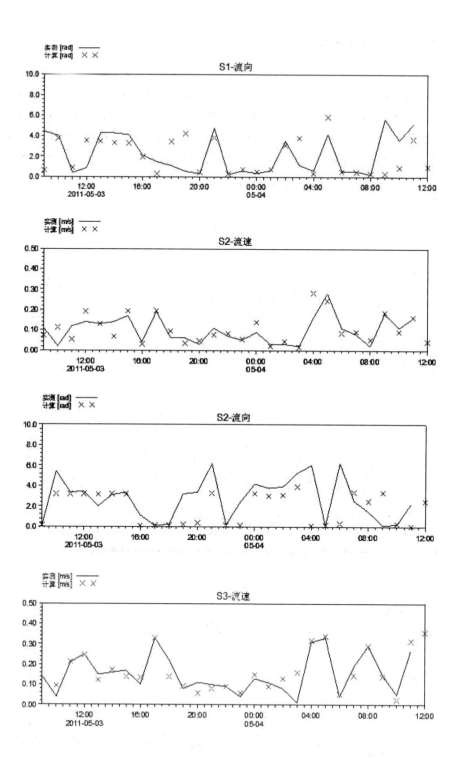

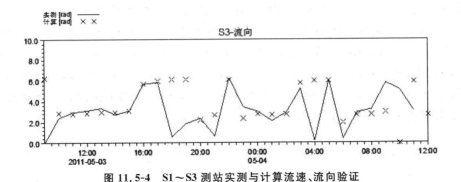

图 11.5-4　S1～S3 测站实测与计算流速、流向验证

2. 潮流计算结果分析

图 11.5-5～图 11.5-6 分别给出了大亚湾涨急、落急时刻流场计算结果,涨潮流基本为从外海往湾内上溯,对于湾内水域,涨急时刻潮流主流向北,大辣甲岛东

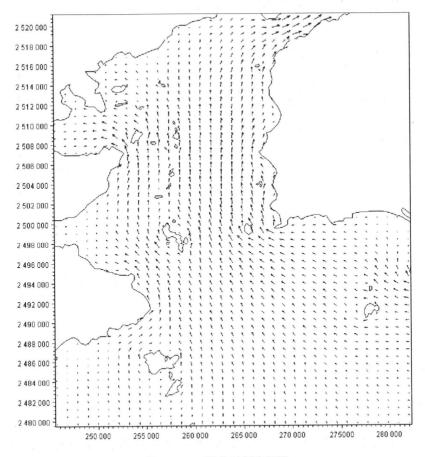

图 11.5-5　涨急时刻流场图

部、澳头湾口以及范和港处涨急时潮流流速明显大于湾内其他区域,前二者流向为西北向,第三处水域流向为东北向。落潮流基本为从湾内往外海下泄,落急时刻流向与涨急时刻流向相反,潮流主流向南。同样,大辣甲岛东部、澳头湾湾口以及范和港处落急流速在湾内为最大,前二者流向为东南向,第三处水域流向为西南向。大亚湾大部分海域,落急流速大于涨急流速。可见模拟的潮流运动基本能够反映出大亚湾海域的水动力的实际情况。

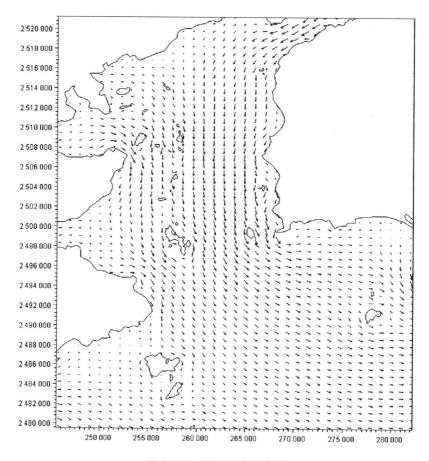

图 11.5-6 落急时刻流场图

11.5.3 污水中预测污染物的选取

1. 污水排海项目污染物情况

深水排放区域水环境污染物现状、水质标准限值及排放污水中污染物浓度见表 11.5-1,由于缺乏海域中 BOD、氰化物的现状浓度资料,无法模拟出海域中 BOD、氰污染物扩散的真实情况,并且悬浮物现状浓度大于标准浓度限值,为此,仅就其他 8 种污染物对水环境的影响进行预测分析。

表 11.5-1 污水排海项目污染物情况

污染物	排污海区污染物 标准浓度/(mg/L)	所在海区现状 浓度/(mg/L)	排放污水中 污染物浓度/(mg/L)
悬浮物	10	10.2	60
氨氮	0.2	0.0697	10
磷酸盐	0.015	0.0025	0.5
石油类	0.05	0.0285	5.0
硫化物	0.02	0.0019	0.5
总铜	0.005	0.000 75	0.5
总锌	0.020	0.011 05	2.0
COD	2	0.88	60
苯	—	0.000 108	0.1

2. 污水中预测污染物的比选

根据本工程环境影响评价报告书中关于扩散器排放污水中污染物排放浓度以及《海水水质标准》(GB 3097-1997)中第一类海水要求的污染物浓度限值,选取扩散器对水环境起决定性作用的污染物,进行水环境影响预测分析;选取的方法是将排放平均浓度和水质标准限值相比较,对比值相对较大的污染物逐一进行环境影响预测计算,直到对环境影响轻微为止;由于在《海水水质标准》中没有苯的水质标准,所以无法进行比较预测分析,扩散器排污中其他 7 种污染物浓度及比较结果见表 11.5-2,从表中可以看出,对水环境影响较大的依次为:石油类、总铜、总锌、氨氮、磷酸盐、COD、硫化物,因此,按比值次序进行环境影响预测计算分析。

表 11.5-2 污水排海项目污染物水环境影响比选

污染物	排放污水中 污染物浓度/(mg/L)	排污海区污染物 标准浓度/(mg/L)	比 值	对水环境 影响排序
氨氮	10	0.2	50	4
磷酸盐	0.5	0.015	33.333 33	5
石油类	5.0	0.05	100	1
硫化物	0.5	0.02	25	7
总铜	0.5	0.005	100	1
总锌	2.0	0.020	100	1
COD	60	2	30	6

11.5.4 不同污染物水环境影响范围预测

1. 石油类影响范围预测

扩散器设计排污量为 3800 m³/h,污水中石油类排放浓度为 5.0 mg/L,据此计算源强为 5.28 g/s,预测计算模式采用前述的污染物扩散方程,按 154 m 长度扩散器来计算,采用 192 个小时背景流场,模拟污染物扩散的情况,输出每 10 分钟的浓度场,统计各计算网格点在模拟时期间的污染物浓度增量最大值,叠加所在海区石油类现状浓度,绘出石油类影响包络范围的等值线图(见图 11.5-7),最大影响范围面积及距离见表 11.5-3。

表 11.5-3　污水中石油类的标准浓度影响面积及距离

项　　目	大于 0.05 mg/L 浓度影响面积及距离
最大影响面积/m²	92400
涨潮方向最大影响距离/m	175
落潮方向最大影响距离/m	177

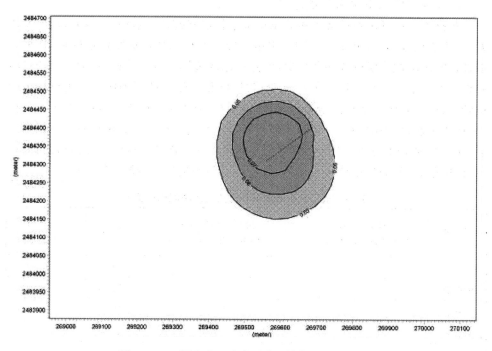

图 11.5-7　污水中石油类对水环境最大影响范围

2. 污水中总铜的影响范围预测

扩散器设计排污量为 3800 m³/h,污水中总铜排放浓度为 0.5 mg/L,据此计算源强为 0.53 g/s,预测计算模式采用前述的污染物扩散方程,按 154 m 长度扩散器来计算,采用 192 个小时背景流场,模拟污染物扩散的情况,输出每 10 分钟的浓度场,统计各计算网格点在模拟时期间的污染物浓度增量最大值,叠加所在海区总铜现状浓度,绘出总铜影响包络范围的等值线图(见图 11.5-8),最大影响范围面积及距离见表 11.5-4。

表 11.5-4　污水中总铜的标准浓度影响面积及距离

项　　目	大于 0.005 mg/L 浓度影响面积及距离
最大影响面积/m²	18 800
涨潮方向最大影响距离/m	22
落潮方向最大影响距离/m	118

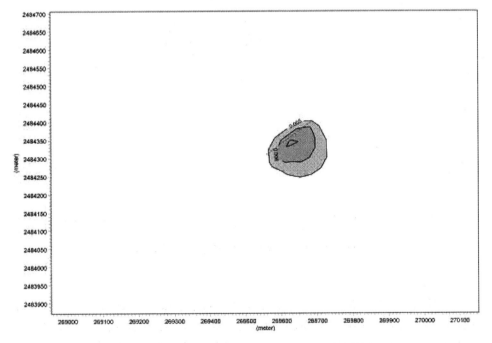

图 11.5-8　污水中总铜对水环境最大影响范围

3. 污水中总锌的影响范围预测

扩散器设计排污量为 3800 m³/h,污水中总锌的排放浓度为 2 mg/L,据此计算源强为 2.11 g/s,预测计算模式采用前述的污染物扩散方程,按 154 m 长度扩散器来计算,采用 192 个小时背景流场,模拟污染物扩散的情况,输出每 10 分钟的浓度场,统计各计算网格点在模拟时期间的污染物浓度增量最大值,叠加所在海区总锌的现状浓度,绘出总锌影响包络范围的等值线图(见图 11.5-9),最大影响范围面积及距离见表 11.5-5。

表 11.5-5　污水中总锌的标准浓度影响面积及距离

项　　目	大于 0.02 mg/L 浓度影响面积及距离
最大影响面积/m²	87 200
涨潮方向最大影响距离/m	169
落潮方向最大影响距离/m	170

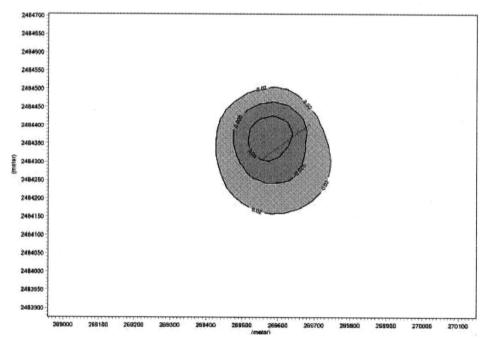

图 11.5-9　污水中总锌对水环境最大影响范围

4. 污水中氨氮的影响范围预测

扩散器设计排污量为 3800 m³/h,污水中氨氮排放浓度为 10.0 mg/L,据此计算源强为 10.56 g/s,预测计算模式采用前述的污染物扩散方程,按 154 m 长度扩散器来计算,采用 192 个小时背景流场,模拟污染物扩散的情况,输出每 10 分钟的浓度场,统计各计算网格点在模拟时期间的污染物浓度增量最大值,叠加所在海区氨氮现状浓度,绘出氨氮影响包络范围的等值线图(见图 11.5-10),由于扩散器排放的氨氮平均浓度和与水质标准值比值不高,而且氨氮本底浓度较小,所以模拟期间氨氮的最大浓度也未超过一类水质标准。

5. 污水中磷酸盐的影响范围预测

扩散器设计排污量为 3800 m³/h,污水中磷酸盐排放浓度为 0.5 mg/L,据此计算源强为 0.53 g/s,预测计算模式采用前述的污染物扩散方程,按 154 m 长度扩散器来计算,采用 192 个小时背景流场,模拟污染物扩散的情况,输出每 10 分钟的浓度场,统计各计算网格点在模拟时期间的污染物浓度增量最大值,叠加所在海区磷酸盐现状浓度,绘出磷酸盐影响包络范围的等值线图(见图 11.5-11),由于扩散器排放的磷酸盐平均浓度较低,而且海域的磷酸盐本底浓度较小,所以模拟期间磷酸盐的最大浓度也未超过一类水质标准。

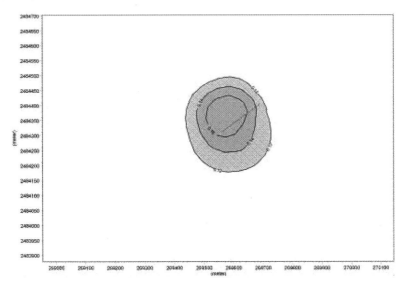

图 11.5-10 氨氮影响包络范围的等值线图

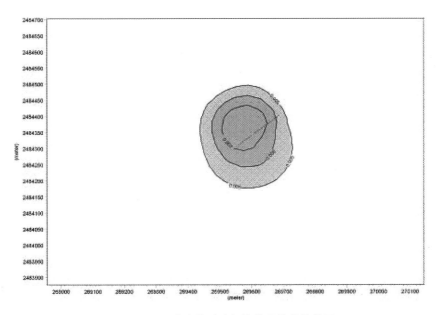

图 11.5-11 磷酸盐影响包络范围的等值线图

6. 污水中 COD 的影响范围预测

扩散器设计排污量为 3800 m^3/h,污水中 COD 排放浓度为 60 mg/L,据此计算源强为 63.3 g/s,预测计算模式采用前述的污染物扩散方程,按 154 m 长度扩散器来计算,采用 192 个小时背景流场,模拟污染物扩散的情况,输出每 10 分钟的浓度场,统计各计算网格点在模拟时期间的污染物浓度增量最大值,叠加所在海区 COD 现状浓度,绘出 COD 影响包络范围的等值线图(见图 11.5-12)。由于扩散器排放的 COD 平均浓度较低,并且海域中 COD 的本底浓度较小,所以模拟期间 COD 的最大浓度也未超过一类水质标准。

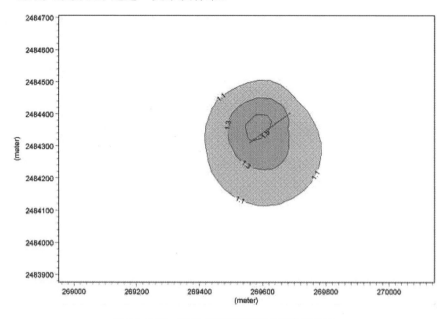

图 11.5-12　COD 影响包络范围的等值线图

7. 污水中硫化物的影响范围预测

扩散器设计排污量为 3800 m³/h,污水中硫化物排放浓度为 0.5 mg/L,据此计算源强为 0.53 g/s,预测计算模式采用前述的污染物扩散方程,按 154 m 长度扩散器来计算,采用 192 个小时背景流场,模拟污染物扩散的情况,输出每 10 分钟的浓度场,统计各计算网格点在模拟时期间的污染物浓度增量最大值,叠加所在海区硫化物现状浓度,绘出硫化物影响包络范围的等值线图(见图 11.5-13)。由于扩散器排放的硫化物平均浓度较低,而且海域的硫化物本底浓度较小,所以模拟期间硫化物的最大浓度也未超过一类水质标准。

8. 污水中苯的影响范围预测

扩散器设计排污量为 3800 m³/h,污水中苯的排放浓度为 0.1 mg/L,据此计算源强为 0.106 g/s,预测计算模式采用前述的污染物扩散方程,按 154 m 长度扩散器来计算,采用 192 个小时背景流场,模拟污染物扩散的情况,输出每 10 分钟的浓度场,统计各计算网格点在模拟时期间的污染物浓度增量最大值,叠加所在海区苯的现状浓度,绘出苯的影响包络范围等值线图(见图 11.5-14)。

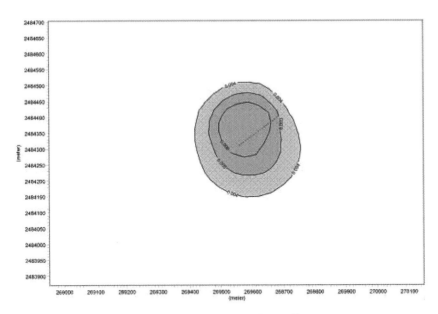

图 11.5-13 硫化物影响包络范围的等值线图

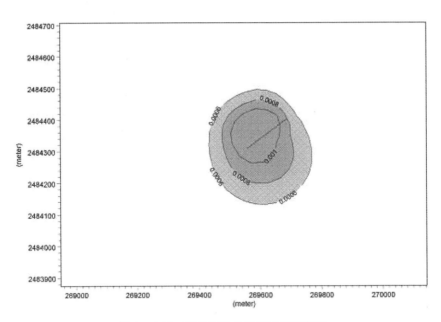

图 11.5-14 苯的影响包络范围等值线图

11.5.5 结论

对石油类、总铜、总锌、氨氮、磷酸盐、硫化物、COD、苯进行污染物扩散影响预测结果,按照排污水域各类污染物一类水质浓度标准,对水域环境影响最大的污染物是石油类,但其超一类水质的水域面积为 92 400 m²,涨落潮最大影响范围仅 175 m 和 177 m,其次是污水中的总锌,超一类水质的水域面积为 87 200 m²,涨落潮最大影响范围仅为 169 m 和 170 m,再次是污水中的总铜,超一类水质的水域面积仅为 18 800 m²。而其他三类污染物的最大浓度均未超过一类水质标准。可见,污染物超一类水质面积远低于排污口混合区面积小于 1 327 323 m² 的标准及排污口混合区半径小于 650 m 的标准。因此,扩散器长度为 154 m 的排污方案基本上是可行的。由于悬浮物的现状浓度已经超过一类水质标准,应注意排放的悬浮物浓度不要偏高、排污量不要超量。

11.6 扩散器近区稀释扩散物模试验

11.6.1 扩散器参数

根据扩散器初步设计方案结果,并对该结果提出的扩散器设计方案进行筛选,试验用扩散器的基本参数见表 11.6-1,选取试验扩散器方案组数。

表 11.6-1 扩散器初步设计方案

扩散器长度	92 m		154 m		
上升管间距	10.0 m		8.0 m		
上升管数量	10 支		20 支		
上升管喷口数	4 个		2 个		
水平方位角	0°	45°	0°	45°	90°
射流角度 10°	√	√	√	√	√
射流角度 20°	√	×	√	×	×
射流角度 30°	√	×	√	×	×

注:"√"表示试验方案

11.6.2 试验方案

按照扩散器不同长度、水平方位角和射流角度等方案进行 10 组试验。

1. 不同水平方位角试验方案

研究扩散器不同水平方位角对稀释度的影响,共进行 5 组试验,试验扩散器的原形参数如表 11.6-2 所示。

表 11.6-2 不同水平方位角试验方案

扩散器长度	92 m		154 m		
上升管数量	10 支		20 支		
射流角度	10°		10°		
水平方位角	0°	45°	0°	45°	90°
试验方案	方案 1	方案 2	方案 3	方案 4	方案 5

2. 不同射流角度试验方案

研究扩散器不同射流角度对稀释度的影响,共进行 6 组试验,试验扩散器的原形参数如表 11.6-3。

表 11.6-3 不同射流角试验方案

扩散器长度	92m			154m		
上升管数量	10 支			20 支		
水平方位角	0°			0°		
射流角度	10°	20°	30°	10°	20°	30°
试验方案	方案 1	方案 6	方案 7	方案 3	方案 8	方案 9

3. 不同扩散器长度试验方案

研究扩散器不同长度对稀释度的影响,根据试验 1、2 的结果,在选择最佳水平方位角和射流角度的基础上,共进行 2 组试验。试验扩散器的原形参数如表 11.6-4。

表 11.6-4 不同扩散器长度试验方案

扩散器长度	92 m	154 m
上升管数量	10 支	20 支
水平方位角	0°	90°
射流角度	20°	20°
试验方案	方案 6	方案 10

11.6.3 试验数据分析

按照试验所得的数据进行分析计算,并将部分试验成果图示于图 11.6-1～图 11.6-4。

1. 不同水平方位角试验数据分析

(1) 水平方位角为 0°的试验结果(列于表 11.6-5)

表 11.6-5 水平方位角为 0°试验结果

潮 汐	扩散器长度	稀释倍数		
		50 m	150 m	300 m
涨潮	92/m	172	138	154
	154/m	205	187	193
落潮	92/m	167	130	141
	154/m	200	179	180
憩流	92/m	扩散范围:0.047 km²		
	154/m	扩散范围:0.042 km²		

（2）水平方位角为 45°的试验结果（列于表 11.6-6）

表 11.6-6　水平方位角为 45°试验结果

潮　汐	扩散器长度	稀释倍数		
		50 m	150 m	300 m
涨潮	92/m	146	164	179
	154/m	197	190	205
落潮	92/m	141	156	166
	154/m	192	182	192
憩流	92/m	扩散范围：0.043 km²		
	154/m	扩散范围：0.039 km²		

（3）水平方位角为 90°（92 m 长扩散器即水平角为 0°）的试验结果（列于表 11.6-7）

表 11.6-7　水平方位角为 90°试验结果

潮　汐	扩散器长度	稀释倍数		
		50 m	150 m	300 m
涨潮	92/m	172	138	154
	154/m	189	212	227
落潮	92/m	167	130	141
	154/m	184	204	214
憩流	92/m	扩散范围：0.041 km²		
	154/m	扩散范围：0.038 km²		

2. 不同射流角度试验数据分析

（1）射流角度为 10°的试验结果（列于表 11.6-8）。

表 11.6-8　射流角为 10°试验结果

潮　汐	扩散器长度	稀释倍数		
		50 m	150 m	300 m
涨潮	92/m	172	138	154
	154/m	205	187	193
落潮	92/m	167	130	141
	154/m	200	179	180
憩流	92/m	扩散范围：0.047 km²		
	154/m	扩散范围：0.042 km²		

（2）射流角度为 20°的试验结果（列于表 11.6-9）

表 11.6-9 射流角为 20°试验结果

潮 汐	扩散器长度	稀释倍数		
		50 m	150 m	300 m
涨潮	92/m	159	163	173
	154/m	192	215	227
落潮	92/m	154	155	160
	154/m	187	207	214
憩流	92/m	扩散范围：0.037 km²		
	154/m	扩散范围：0.035 km²		

（3）射流角度为 30°的试验结果（列于表 11.6-10）

表 11.6-10 射流角为 30°试验结果

潮汐	扩散器长度	稀释倍数		
		50 m	150 m	300 m
涨潮	92/m	148	188	197
	154/m	188	229	238
落潮	92/m	143	180	184
	154/m	183	221	225
憩流	92/m	扩散范围：0.036 km²		
	154/m	扩散范围：0.033 km²		

3. 不同扩散器长度试验数据分析

（1）扩散器长度为 92 m、水平方位角 0°、射流角度 20°的试验结果（列于表 11.6-11）

表 11.6-11 扩散器长度为 92 m 试验结果

潮 汐	扩散器长度	稀释倍数		
		50 m	150 m	300 m
涨潮	92/m	159	163	173
落潮	92/m	154	155	160
憩流	92/m	扩散范围：0.037 km²		

（1）扩散器长度为 154 m、水平方位角 90°、射流角度 20°的试验结果（列于表 11.6-12）

表 11.6-12 扩散器长度为 154 m 试验结果

潮汐	扩散器长度	稀释倍数		
		50 m	150 m	300 m
涨潮	154/m	170	231	253
落潮	154/m	165	223	240
憩流	154/m	扩散范围：0.033 km²		

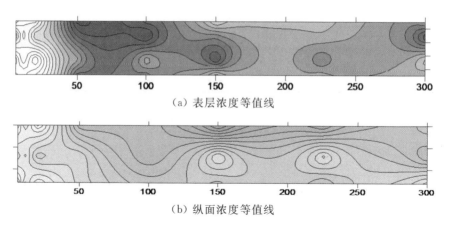

（a）表层浓度等值线

（b）纵面浓度等值线

图 11.6-1　表层、轴线浓度等值线（扩散器 154 m、水平方位角为 0°、射流角度为 10°、涨潮）

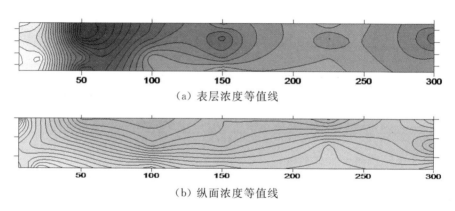

（a）表层浓度等值线

（b）纵面浓度等值线

图 11.6-2　表层、轴线浓度等值线（扩散器 154 m、水平方位角为 45°、射流角度为 10°、涨潮）

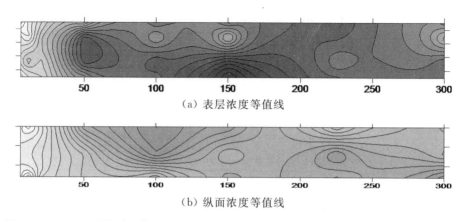

（a）表层浓度等值线

（b）纵面浓度等值线

图 11.6-3　表层、轴线浓度等值线（扩散器 154 m、水平方位角为 90°、射流角度为 20°、涨潮）

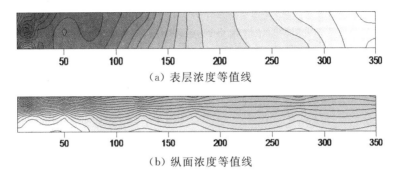

（a）表层浓度等值线

（b）纵面浓度等值线

图 11.6-4 表层、轴线浓度等值线（扩散器 154 m、水平方位角为 90°、射流角度为 20°、憩流）

11.6.4 试验结果

1. 不同水平方位角对稀释扩散的影响

试验表明,污水水平射流路径及稀释扩散与喷口水平方位角有直接的关系,当水平方位角为 0°、45°和 90°时,稀释度均可达到设计的环保要求。

当水平方位角为 90°时,即射流垂直于环境水流方向,污水初始稀释扩散最好;主要是因为污水自喷口出流之后受到环境水流的强烈扰动而迅速在水流断面上扩展开来,与周围环境水体迅速掺混,初始稀释扩散效果明显。由于本工程的环境水深较大,因此不容易在水面形成污水场,有利于污水的再稀释扩散,对环境影响较小。

当水平方位角为 45°时,不存在水面污水场,污水场对环境的影响较小。

当水平方位角为 0°时,即射流平行于环境水流方向,污水初始稀释扩散稍差;但由于受到水流夹带,其冒顶时水平漂移距离较长,不容易在水面形成污水场。

因此,鉴于本工程水深大,不易于形成表面污水场,本工程采用扩散器的水平方位角推荐为 90°,即射流垂直于环境水流方向,更有益于污水的稀释扩散。

2. 不同射流角度对稀释扩散的影响

试验表明,射流角度是影响污水近区稀释的重要因素之一。纵向扩散形状与射流角度有关,射流与垂线角度越大,射流射出后,由于水力绕流阻力的作用,射流慢慢弯曲,在此同时,射流与横流慢慢交混,其宽度越来越大。

当射流角度为 10°时,由于水平方位角为 10°,一些污水云团由于受到水流夹带,漂移距离过长,影响其稀释扩散。

当射流角度为 30°时,由于工程的环境水深较小,污水上升到水面的时间较短,容易在水面形成污水场,影响其稀释扩散。

当射流角度为 20°时,在环境水流的强烈扰动下,不易形成某一污水云团,且具有一定的漂移距离,不容易在水面形成污水场,可取得较好的稀释扩散效果。

综合考虑,本工程采用扩散器的喷口角度推荐为 20°左右,即射流方向与水平面夹角为 20°左右。

3. 不同扩散器长度对稀释扩散的影响

试验表明,扩散器的长度对初始稀释度有明显的影响;初始稀释度随着扩散器长度的增加而增加。以上两种扩散器长度均能满足初始稀释度要求,考虑到工程经济、技术和环境等多方面因素,扩散器长度选用154 m即可满足设计初始稀释度的要求。

通过试验发现,各上升管污水在冒顶时基本混合,说明上升管个数的设计能满足要求。

11.6.5 结论

根据以上不同水平方位角对稀释扩散的影响、不同射流角度对稀释扩散的影响、不同扩散器长度对稀释扩散的影响等试验结果进行综合分析,对扩散器排污在各种潮流流态下对近区水质的影响进行预测,预测结果见表11.6-13和表11.6-14,从表中可以看出,各项指标均符合标准要求。综合考虑工程投资、现场环境等因素,本工程推荐的扩散器各项参数为:扩散器长度:154 m;上升管数:20 支;各上升管开孔数:2 个;水平方位角:90°;射流角度:20°。

表 11.6-13 涨潮流态下的水质预测结果(扩散器长度154 m、水平方位角90°、射流角度20°)

污染物	水质标准 /(mg/L) 一类	所在海区 现状含量	污水 水质	水质预测结果:扩散中心 300 m 处(一类)			
				最大增值 /(mg/L)	占标准 /(%)	占现状值 /(%)	叠加值 /(mg/L)
悬浮物	10	10.2	60	0.237	0.024	0.023	10.437
氨氮	0.2	0.0697	10	0.040	0.198	0.567	0.109
总铜	0.005	0.00075	0.5	0.002	0.395	2.635	0.003
总锌	0.020	0.01105	2.0	0.008	0.395	0.715	0.019
磷酸盐	0.015	0.0025	0.5	0.002	0.132	0.791	0.004
石油类	0.05	0.0285	5.0	0.020	0.395	0.693	0.048
硫化物	0.02	0.0019	0.5	0.002	0.099	1.040	0.004

表 11.6-14 落潮流态下的水质预测结果(扩散器长度154 m、水平方位角90°、射流角度20°)

污染物	水质标准 /(mg/L) 一类	所在海区 现状含量	污水 水质	水质预测结果:扩散中心 300 m 处(一类)			
				最大增值 /(mg/L)	占标准 /(%)	占现状值 /(%)	叠加值 /(mg/L)
悬浮物	10	10.2	60	0.250	0.025	0.025	10.450
氨氮	0.2	0.0697	10	0.042	0.208	0.598	0.111
总铜	0.005	0.00075	0.5	0.002	0.417	2.778	0.003
总锌	0.020	0.01105	2.0	0.008	0.417	0.754	0.019
磷酸盐	0.015	0.0025	0.5	0.002	0.139	0.833	0.005
石油类	0.05	0.0285	5.0	0.021	0.417	0.731	0.049
硫化物	0.02	0.0019	0.5	0.002	0.104	1.096	0.004

11.7　扩散器水力数值计算

11.7.1　水力设计中的有关参数

1. 管道粗糙系数

本工程选用钢管,考虑防腐处理,管道的粗糙系数取 $n=0.011$,粗糙度按 $0.0011\,\mathrm{m}$ 计算。

2. 扩散器长度

根据海域功能区划和污水排放初始稀释度要求,选取扩散器计算长度为 $154.0\,\mathrm{m}$。

3. 扩散器内径

扩散器内水平管首段管径为 $0.78\,\mathrm{m}$,往下变径依次为 $0.5\,\mathrm{m}$、$0.3\,\mathrm{m}$,根据计算比较需要确定各级变径及变径的长度。

4. 上升管与喷口

根据初始稀释度要求的扩散器可能长度变化区间,计算上升管数分别为 20 根,上升管间距为 $8.0\,\mathrm{m}$,上升管管径为 $0.2\,\mathrm{m}$,为保证射流出流的角度,采用导流管来引流,导流管管径为 $0.10\,\mathrm{m}$、$0.104\,\mathrm{m}$、$0.108\,\mathrm{m}$。采用上升管-双喷口形式。

5. 海水密度与污水密度

扩散器所在海域海水密度 $\rho_o=1.025$;排放污水密度 $\rho_s=0.99$。

6. 局部阻力系数

参考《给水排水设计手册》及有关文献资料,最后根据"水力学试验"结果确定。

导流管喷口收缩段:0.1;

水平管收缩段:0.1;

上升管与水平管连接处沿水平管方向:1.0;

远岸(尾端)"L"形上升管进口:$1.50+$突缩的局部阻力系数;

其他(除尾端)"⊥"形上升管进口:$2.0+$突缩的局部阻力系数。

7. 喷口以上水深

设计确定喷口以上水深为 $22.0\,\mathrm{m}$(设计水位条件下)。

8. 污水排放量

设计污水量根据提供的资料确定为 $3800\,\mathrm{m}^3/\mathrm{h}$。

9. 喷射角度

根据扩散器近区污染物稀释扩散研究分析结果,在计算中取射流角度为 $20°$,水平方位角为 $90°$。

11.7.2 水力设计的数值模拟方法

1. 计算模型

计算模型为污水排海扩散器,该扩散器管道的长度为 154.0 m,首段内径为 0.78 m,其上每隔 8 m 布置一根上升管,共有 20 根,从入口端开始依次记为 1♯～20♯,每根上升管布有 2 个导流管喷口,图 11.7-1 为计算模型图。

图 11.7-1 计算模型图

2. 网格生成

网格剖分时,根据实际需要,采用不同的生成方式,最后所得网格类型:部分为结构网格,部分为非结构网格,体网格数平均在 930 万个左右。图 11.7-2 和 11.7-3 为总体网格图和局部网格分布图。

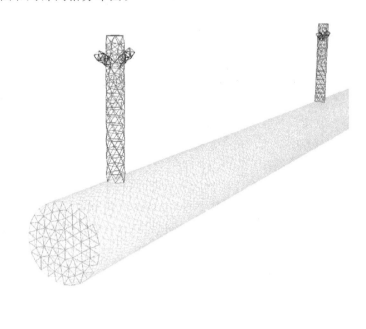

图 11.7-2 计算区域总体网格图

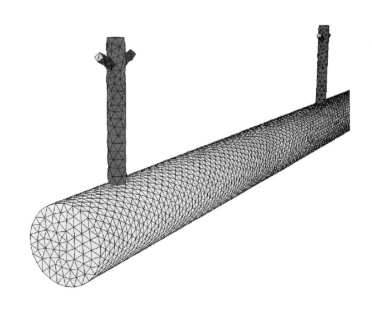

图 11.7-3 计算区域局部网格分布图

3. 数值模拟计算结果

计算结果如图 11.7-4～图 11.7-24,分别为整个排放管道纵截面水流速度流场图和 20 个上升管的局部纵截面水流速度流场图。

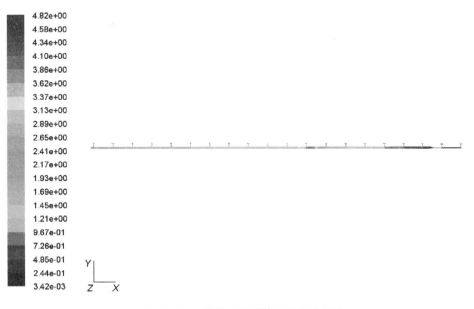

图 11.7-4 管道全局纵截面速度流场图

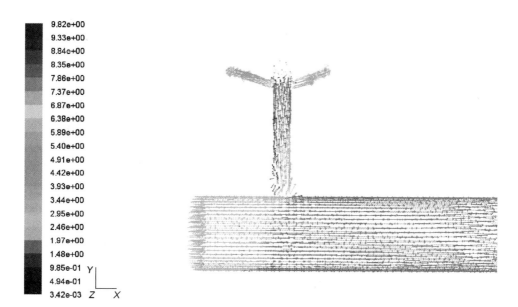

图 11.7-5　1♯上升管纵截面速度流场图

图 11.7-6　2♯上升管纵截面速度流场图

图 11.7-7　3♯上升管纵截面速度流场图

图 11.7-8　4♯上升管纵截面速度流场图

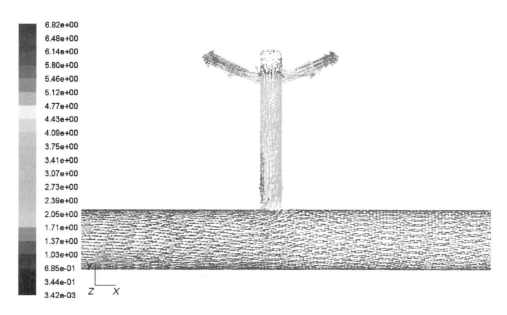

图 11.7-9　5#上升管纵截面速度流场图

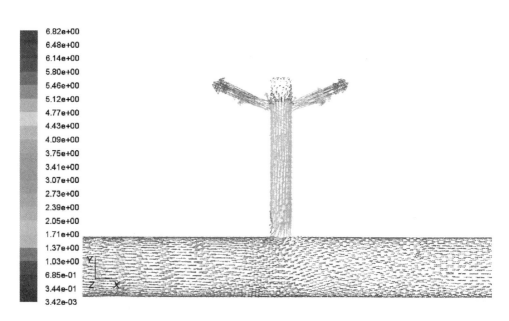

图 11.7-10　6#上升管纵截面速度流场图

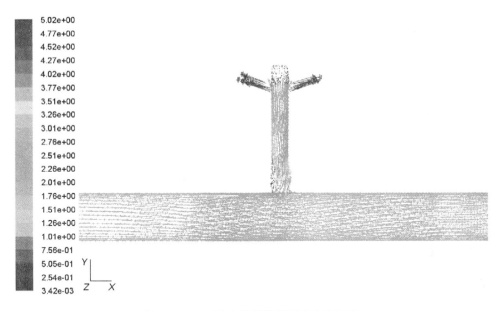

图 11.7-11　7♯上升管纵截面速度流场图

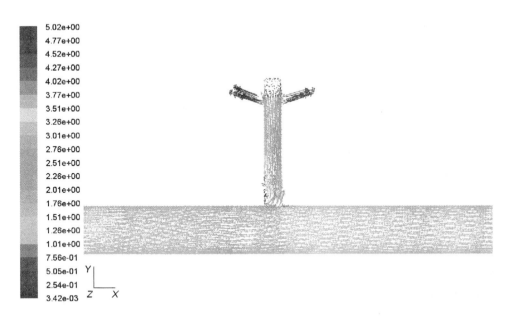

图 11.7-12　8♯上升管纵截面速度流场图

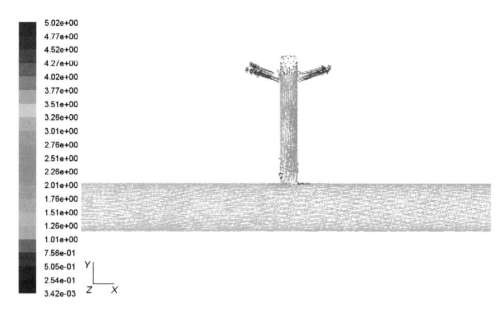

图 11.7-13　9♯上升管纵截面速度流场图

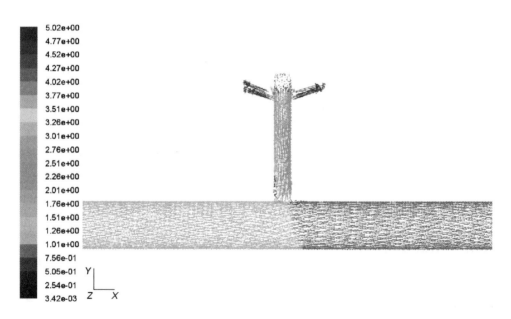

图 11.7-14　10♯上升管纵截面速度流场图

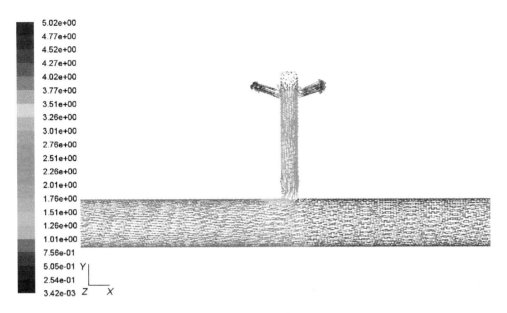

图 11.7-15 11♯上升管纵截面速度流场图

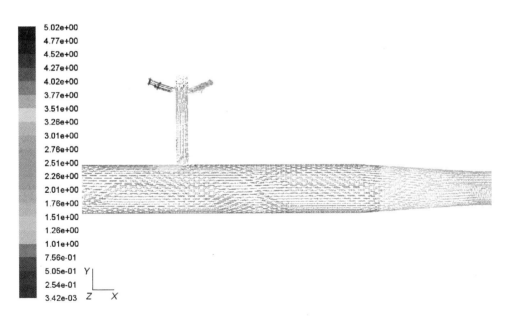

图 11.7-16 12♯上升管纵截面速度流场图

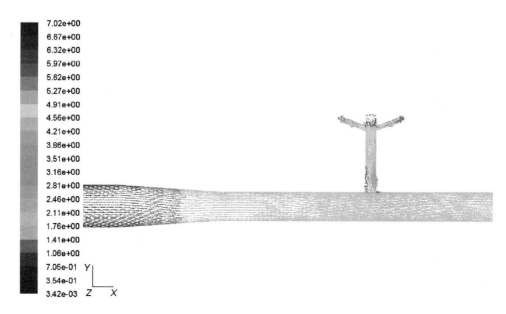

图 11.7-17　13 ♯ 上升管纵截面速度流场图

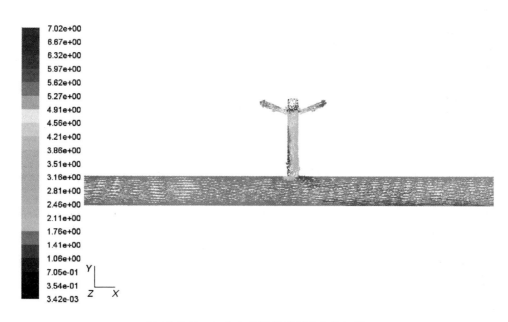

图 11.7-18　14 ♯ 上升管纵截面速度流场图

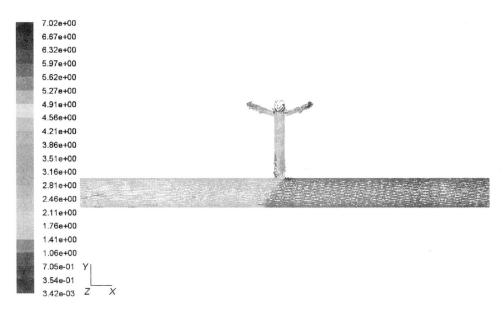

图 11.7-19　15♯上升管纵截面速度流场图

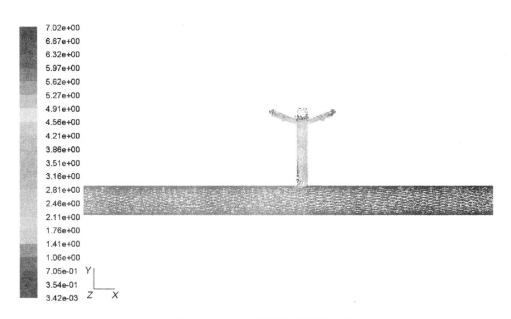

图 11.7-20　16♯上升管纵截面速度流场图

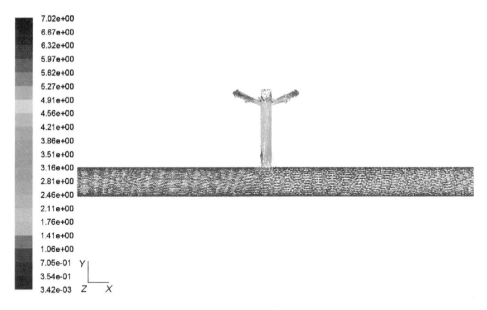

图 11.7-21　17♯上升管纵截面速度流场图

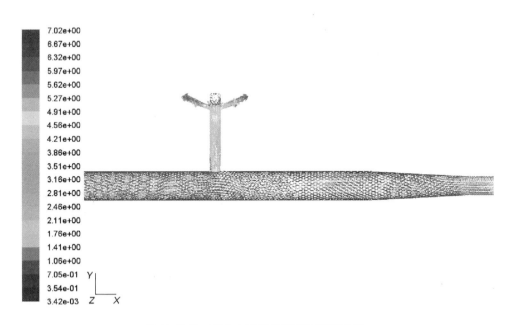

图 11.7-22　18♯上升管纵截面速度流场图

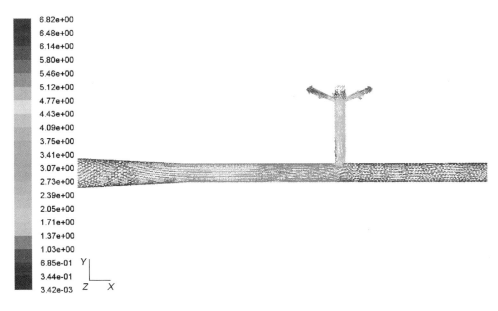

图 11.7-23 19♯上升管纵截面速度流场图

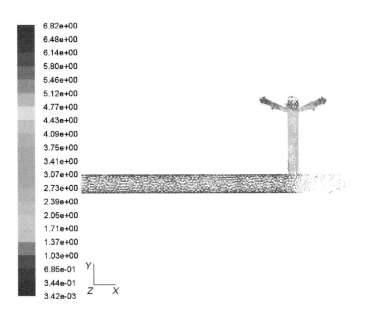

图 11.7-24 20♯上升管纵截面速度流场图

11.7.3 扩散器的出流量、出流均匀性及水头损失计算

根据前述对扩散器出流量、出流均匀度和水头损失的计算,结果汇总列于表 11.7-1 中。

表 11.7-1 扩散器水力计算成果表

$D=0.2\,\mathrm{m}$ $P_1=5.92\%$ $P_2=-4.93\%$ $Q=1.0556\,\mathrm{m}^3/\mathrm{s}$

上升管序号	1#	2#	3#	4#	5#	6#	7#	8#	9#	10#
主管直径/m	0.78									
主管流速/(m/s)	2.16	2.04	1.93	1.82	1.71	1.59	1.48	1.37	1.26	1.15
喷口直径/m	0.1									
喷口流量/(L/s)	27.05	26.92	26.80	26.65	26.59	26.58	26.55	26.52	26.57	26.59
喷口流速/(m/s)	3.40	3.38	3.36	3.40	3.39	3.39	3.38	3.38	3.38	3.39
局部阻力系数	2.467									
密度佛汝德数	18.26	18.15	18.04	18.26	18.20	18.20	18.15	18.15	18.15	18.20
水头损失/m	2.06									
上升管序号	11#	12#	13#	14#	15#	16#	17#	18#	19#	20#
主管直径/m	0.78		0.5						0.3	
主管流速/(m/s)	1.04	0.93	1.98	1.74	1.49	1.24	0.99	0.74	1.37	0.69
喷口直径/m	0.1		0.104						0.108	
喷口流量/(L/s)	26.64	26.73	24.22	24.14	24.23	24.37	24.57	24.81	23.89	24.35
喷口流速/(m/s)	3.39	3.40	3.09	3.08	3.09	3.05	3.13	3.16	3.04	3.05
局部阻力系数	2.467		2.420						2.278	1.778
密度佛汝德数	18.26	18.15	17.69	17.90	17.85	17.85	17.80	17.80	17.46	17.52
水头损失/m	2.06									

11.7.4 临界入侵流量和临界冲洗流量

1. 临界入侵流量

扩散器的临界入侵流量 Q_I,计算如表 11.7-2 所列。

表 11.7-2 扩散器的临界入侵流量计算表

上升管序号		1#～12#	13#～18#	19#～20#
喷口直径 D_p/m		0.1	0.104	0.108
喷口临界流速 V_p/(m/s)		0.372	0.380	0.387
临界入侵流量 /(m³/s)	q_c	0.0702	0.0387	0.0142
	$Q_I=\sum q_c$	0.1231		

2. 临界冲洗流量

(1) 循环阻塞

本方案中发生循环阻塞时的临界冲洗流量计算结果见表 11.7-3。

表 11.7-3　循环阻塞的临界冲洗流量计算结果表($D_r = 0.2$ m)

上升管序号		1#～12#	13#～18#	19#～20#
主管直径 D/m		0.78	0.5	0.3
主管、上升管摩阻系数		0.0422	0.0448	0.0483
临界冲洗密度佛汝德数 F_c		3.098	3.094	3.089
喷口直径 D_p/m		0.10	0.104	0.108
临界流速 V_c/(m/s)		0.577	0.588	0.598
临界冲洗流量 /(m³/s)	Q_p	0.1087	0.0599	0.0219
	$Q_p = \sum q_p$		0.1905	

（2）盐水楔阻塞

本方案中发生盐水楔阻塞时的临界冲洗流量计算结果见表 11.7-4。

表 11.7-4　盐水楔阻塞的临界冲洗流量计算结果表

上升管序号		1#～12#	13#～18#	19#	20#
上升管直径 D_r/m		0.20			
主管直径 D/m		0.78	0.5	0.3	
主管沿程阻力系数		0.0164	0.0190	0.0225	
上升管的局部阻力系数		2.467	2.420	2.278	1.778
临界冲洗密度佛汝德数 F_c		3.02	2.90	2.35	2.42
喷口直径 D_p/m		0.10	0.104	0.108	
临界流速 V_c/(m/s)		0.57	0.55	0.44	0.46
临界冲洗流量 /(m³/s)		0.11	0.06	0.01	0.01
	$Q_p = \sum q_p$		0.1790		

（3）临界冲洗流量

比较循环阻塞的临界冲洗流量和盐水楔阻塞的临界冲洗流量说明，冲洗时因海水入侵而形成的循环阻塞所需的污水排放流量大于因海水入侵而形成的所需的污水排放流量，故在工程设计中，先以冲洗循环阻塞为控制条件。

11.7.5　结论

扩散器净长度为 154.0 m，上升管数分别为 20 根，立上升管间距为 8.0 m，其主要水力特征见表 11.7-5 所示。

表 11.7-5　扩散器主要水力特征表

$D = 0.2$ m　$P_1 = 5.92\%$　$P_2 = -4.93\%$　$Q = 1.0556$ m³/s

上升管序号	1#	2#	3#	4#	5#	6#	7#	8#	9#	10#
喷口流量/(L/s)	27.05	26.92	26.80	26.65	26.59	26.58	26.55	26.52	26.57	26.59
主管流速 V/(m/s)	2.16	2.04	1.93	1.82	1.71	1.59	1.48	1.37	1.26	1.15

上升管序号	1#	2#	3#	4#	5#	6#	7#	8#	9#	10#
喷口流速 V_p/(m/s)	3.40	3.38	3.36	3.40	3.39	3.39	3.38	3.38	3.38	3.39
不淤排放流量/(m³/s)					0.2865					
临界入侵流量/(m³/s)					0.1231					
临界冲洗流量/(m³/s)					0.1905					
上升管序号	11#	12#	13#	14#	15#	16#	17#	18#	19#	20#
喷口出流量/(L/s)	26.64	26.73	24.22	24.14	24.23	24.37	24.57	24.81	23.89	24.35
水平管内流速 V/(m/s)	1.04	0.93	1.98	1.74	1.49	1.24	0.99	0.74	1.37	0.69
喷口污水流速 V_p/(m/s)	3.40	3.38	3.36	3.40	3.39	3.39	3.38	3.38	3.38	3.39
不淤排放流量/(m³/s)					0.2865					
临界入侵流量/(m³/s)					0.1231					
临界冲洗流量/(m³/s)					0.1905					

11.8　扩散器水力物模试验分析

11.8.1　基本参数

污水排放量：3800 m³/h；

扩散器长度：154.0 m；

上升管高度：1.5 m；

上升管个数：20 个；

喷口总数：40 个；

喷口直径：0.1 m、0.104 m、0.108 m。

11.8.2　模型设计

根据扩散器近区稀释扩散试验分析及扩散器水力设计的初步计算成果，扩散器原形中的各项参数见表 11.8-1。

按照试验场地的面积、供水、退水条件、上升管及放流管的模型材料、污水排放量，选用几何比例尺为 1：10 的正态模型，按重力准则设计，各项模型比例尺如下：

几何比例尺：$\lambda_l = 10$；

流量比例尺：$\lambda_Q = \lambda_l^{5/2} = 316$；

流速比例尺：$\lambda_v = \lambda_l^{1/2} = 3.16$；

糙率比例尺：$\lambda_n = \lambda_l^{1/6} = 1.468$。

表 11.8-1 水平放流管、上升管及导流管内径的原形、模型尺寸及实测值的比较(单位：mm)

原形上升管内径 $D_r = 200$ mm　模型实测上升管内径 $D_r = 20$ mm

几何比例尺(1:10)	项 目	1#～12#	13#～18#	19#～20#
原型	放流管	780	500	300
	导流管	100	104	108
模型设计	放流管	78	50	30
	导流管	10	10.4	10.8
模型实测	放流管	78	50	30
	导流管	10		
换算原形	放流管	780	500	300
	导流管	100		

11.8.3 试验方案设计

根据扩散器设计方案,共进行 4 组次试验。

第一组。20 根上升管,共进行 5 次试验;

第二组。18 根上升管,将 20#、19# 上升管堵塞,共进行 5 次试验;

第三组。12 根上升管,将 20#、19#、18#、17#、16#、15#、14#、13# 上升管堵塞,共进行 5 次试验;

第四组。20 根上升管,改变上升管内径后,共进行 5 次试验。

11.8.4 试验结果分析

1. 喷口出流均匀性分析

(1) 出流均匀性

试验结果如表 11.8-2～表 11.8-6 所示,其中：

不均匀性：$P_1 = \dfrac{Q_{r\max} - \overline{Q}_r}{\overline{Q}_r} \times 100\%$

$P_2 = \dfrac{Q_{r\min} - \overline{Q}_r}{\overline{Q}_r} \times 100\%$

式中, Q_r 为每根上升管出流量; $Q_{r-\max}$ 为上升管出流量的最大值; $Q_{r-\min}$ 为上升管出流量的最小值; $\overline{Q}_r$ 为上升管出流量的平均值。

(2) 出流均匀性试验分析

从表 11.8-2 第一组试验成果可以看出,出流不均匀度在 ±10% 左右,不能满足要求。从每根上升管喷口的流量分析,20#、19# 上升管喷口流量偏小,说明全部上升管采用同一直径是不合适的。

从表 11.8-3 第二组试验成果可以看出,出流不均匀度接近 ±10%,能满足试验要求,但是不是很好。从每根上升管喷口的流量分析,18#、17#、16#、15#、14#、13# 上升管喷口流量偏小,说明全部上升管采用同一直径是不合适的。

从表 11.8-4 第三组试验结果可以看出,出流不均匀度在±5%之内,能够很好地满足要求。

当加大 20♯、19♯、18♯、17♯、16♯、15♯、14♯、13♯上升管管径后,再进行试验,从表 11.8-5 第四组试验成果可以看出,出流不均匀度在±(5%~10%)内,可以满足设计要求。

表 11.8-2 扩散器喷口出流均匀性试验分析结果汇总表

第一组试验,20 根上升管

	上升管序号	喷口	1	2	3	4	5
喷口出流流量/（mL/s）	20♯	A	103.8	78.7	82.9	64.4	55.8
		B	102.7	78.2	85.9	65.2	58.1
	19♯	A	100.0	82.1	81.0	67.6	57.5
		B	99.8	80.5	79.2	67.4	55.1
	18♯	A	100.0	83.1	76.2	73.8	56.1
		B	98.3	80.2	73.8	73.0	55.0
	17♯	A	105.0	85.5	80.4	71.1	55.0
		B	110.2	89.6	85.3	76.6	59.3
	16♯	A	98.2	79.6	73.2	63.4	50.8
		B	100.0	81.8	74.0	70.5	56.8
	15♯	A	112.3	87.7	84.3	75.8	49.4
		B	113.8	89.5	87.0	74.4	53.5
	14♯	A	105.3	85.1	76.6	69.9	43.9
		B	103.8	84.2	76.3	71.3	47.5
	13♯	A	98.5	82.5	78.9	67.0	45.9
		B	102.9	89.6	80.9	75.3	54.2
	12♯	A	116.0	91.1	84.1	76.6	49.3
		B	111.2	92.8	79.1	74.8	49.5
	11♯	A	108.3	92.8	85.6	77.0	49.7
		B	115.7	94.0	86.9	73.7	49.2
	10♯	A	110.1	91.7	86.5	72.2	42.7
		B	110.1	92.2	87.3	73.9	45.3
	9♯	A	105.2	87.3	83.1	72.2	40.0
		B	103.8	86.1	77.7	73.9	39.3
	8♯	A	105.2	87.3	83.1	67.4	40.0
		B	103.8	86.1	77.7	67.7	39.3
	7♯	A	97.7	79.8	72.4	65.0	35.7
		B	96.4	78.6	71.2	64.0	35.0
	6♯	A	101.0	87.0	76.8	66.8	35.4
		B	100.2	83.2	73.8	65.5	35.4

续表

上升管序号	喷口	1	2	3	4	5
5#	A	98.7	85.1	75.1	65.7	37.3
5#	B	98.5	79.2	72.6	63.3	36.0
4#	A	104.9	81.4	75.6	66.0	33.1
4#	B	114.7	89.6	81.7	71.6	34.0
3#	A	108.6	83.9	83.1	65.5	31.0
3#	B	112.8	87.3	78.3	70.9	35.3
2#	A	107.7	85.3	78.5	62.6	23.6
2#	B	109.6	85.7	76.3	64.6	25.5
1#	A	107.7	85.3	78.5	62.6	23.6
1#	B	109.6	85.7	76.3	64.6	25.5
$Q/(\text{L/s})$		3.193	2.596	2.384	2.071	1.554
原形 $Q/(\text{m}^3/\text{s})$		1.009	0.820	0.753	0.654	0.491
$P_1/(\%)$		10.2	10.1	9.8	11.4	12.2
$P_2/(\%)$		8.4	8.4	10.3	9.4	11.4

（喷口出流量/(mL/s)）

表 11.8-3　扩散器喷口出流均匀性试验分析结果汇总表

第二组试验,18 根上升管

上升管序号	喷口	1	2	3	4	5
20#	A	+				
20#	B					
19#	A					
19#	B					
18#	A	107.0	92.5	84.4	102.6	81.8
18#	B	103.5	87.3	84.5	100.7	79.4
17#	A	110.7	98.8	90.0	103.2	83.0
17#	B	114.9	96.3	89.6	108.7	87.4
16#	A	102.5	99.3	87.1	91.8	83.3
16#	B	107.6	98.2	88.4	99.0	78.4
15#	A	109.9	99.8	94.0	99.7	87.6
15#	B	116.2	98.5	89.4	97.8	89.2
14#	A	109.8	91.3	83.1	92.1	76.5
14#	B	105.9	92.1	84.1	97.8	76.0
13#	A	111.7	97.0	90.6	92.5	84.0
13#	B	114.3	91.5	82.4	100.6	86.5
12#	A	112.9	98.2	90.3	106.3	85.5
12#	B	115.2	97.1	91.5	102.5	89.9

（喷口出流量/(mL/s)）

上升管序号	喷口	1	2	3	4	5
11#	A	112.9	101.6	91.3	107.8	87.7
	B	115.2	97.2	91.6	109.1	86.5
10#	A	110.7	100.7	91.2	103.0	87.1
	B	109.8	101.2	90.1	103.4	86.5
9#	A	105.2	95.1	82.9	99.9	79.8
	B	103.2	91.8	82.8	98.7	78.8
8#	A	105.2	95.1	82.9	99.9	79.8
	B	103.2	91.8	82.8	98.7	78.8
7#	A	101.2	88.4	84.8	105.0	84.0
	B	104.6	89.8	83.5	101.8	76.4
6#	A	103.2	93.2	83.8	96.8	78.8
	B	104.9	89.4	85.0	99.4	80.7
5#	A	105.3	93.0	83.8	104.3	81.1
	B	108.2	89.4	81.2	98.5	80.2
4#	A	115.5	102.9	81.2	106.2	86.3
	B	103.2	93.0	84.9	96.7	79.2
3#	A	110.2	91.6	84.2	107.5	82.3
	B	108.8	96.1	89.1	111.5	85.8
2#	A	108.6	93.9	81.1	105.2	80.8
	B	105.7	91.5	84.4	103.4	80.0
2#	A	108.6	93.9	81.1	105.2	80.8
	B	105.7	91.5	84.4	103.4	80.0
Q/(L/s)		3.230	2.837	2.573	3.054	2.476
原形 Q/(m³/s)		1.021	0.896	0.813	0.965	0.783
P_1/(%)		7.9	8.7	9.3	9.6	9.0
P_2/(%)		8.6	7.8	5.8	9.7	7.9

注：左侧纵向标注为"喷口出流流量/(mL/s)"

表 11.8-4　扩散器喷口出流均匀性试验分析结果汇总表
第三组试验,12 根上升管

上升管序号	喷口	1	2	3	4	5
20#	A					
	B					
19#	A					
	B					
18#	A					
	B					

注：左侧纵向标注为"喷口出流流量/(mL/s)"

上升管序号	喷口	1	2	3	4	5
17#	A					
	B					
16#	A					
	B					
15#	A					
	B					
14#	A					
	B					
13#	A					
	B					
12#	A	77.8	86.4	74.7	80.5	0.0
	B	71.7	87.0	74.2	79.0	0.0
11#	A	102.1	77.5	82.3	71.4	80.5
	B	101.2	76.7	80.5	73.2	79.0
10#	A	97.5	75.2	82.3	69.6	74.3
	B	97.9	74.0	82.5	69.7	73.7
9#	A	104.1	75.7	82.8	71.9	79.0
	B	104.0	75.9	83.0	72.9	78.6
8#	A	104.1	75.7	82.8	71.9	79.0
	B	104.0	75.9	83.0	72.9	78.6
7#	A	97.8	74.2	85.3	69.1	74.4
	B	97.4	74.2	85.6	68.7	73.7
6#	A	101.6	75.2	79.5	71.4	76.3
	B	102.1	74.9	79.7	73.1	76.3
5#	A	97.2	74.2	84.7	68.4	74.8
	B	99.0	75.0	86.2	68.7	74.6
4#	A	105.3	78.0	82.2	74.7	80.3
	B	100.3	74.0	82.7	72.3	75.7
3#	A	106.4	75.5	85.1	74.7	80.1
	B	106.7	79.1	85.3	71.9	79.0
2#	A	104.1	72.3	85.5	69.3	76.7
	B	104.7	74.1	83.5	69.4	73.3
1#	A	104.1	72.3	85.5	69.3	76.7
	B	104.7	74.1	83.5	69.4	73.3
Q/(L/s)		2.457	1.808	2.006	1.713	1.847
原形 Q/(m³/s)		0.776	0.571	0.634	0.541	0.584
P_1/(%)		4.2	5.0	4.0	4.7	4.6
P_2/(%)		5.0	4.8	4.9	4.1	4.8

（喷口出流量/（mL/s））

表 11.8-5　扩散器喷口出流均匀性试验分析结果汇总表

第四组试验,20 根上升管

	上升管序号	喷口	1	2	3	4	5
喷口出流量/(mL/s)	20#	A	113.8	72.4	60.8	49.4	85.3
		B	112.7	71.9	61.6	49.7	85.3
	19#	A	110.5	71.0	61.8	47.8	87.1
		B	110.3	69.2	60.1	47.9	85.5
	18#	A	110.5	66.2	61.1	51.3	88.1
		B	113.3	68.8	60.0	52.6	85.2
	17#	A	115.0	70.4	60.0	51.1	90.5
		B	120.2	71.8	61.3	51.6	94.1
	16#	A	113.2	68.2	58.8	48.4	85.6
		B	110.4	65.9	61.8	50.5	86.8
	15#	A	121.3	72.3	61.8	50.8	92.7
		B	121.3	72.3	59.3	52.6	94.1
	14#	A	115.3	66.6	59.0	49.9	90.1
		B	113.8	66.3	60.1	51.3	89.2
	13#	A	113.5	68.9	58.2	48.5	87.5
		B	112.9	70.9	62.0	50.3	94.1
	12#	A	71.6	61.2	51.6	91.1	0.0
		B	69.1	60.4	52.6	92.8	0.0
	11#	A	118.3	72.1	61.3	52.0	92.8
		B	121.2	70.9	60.7	51.7	91.0
	10#	A	120.1	72.2	59.6	52.2	91.7
		B	120.1	71.3	57.9	50.9	92.2
	9#	A	115.2	72.1	60.0	47.8	92.3
		B	113.8	67.7	58.3	47.8	91.1
	8#	A	115.2	72.1	59.5	47.9	92.3
		B	113.8	67.7	58.3	47.8	91.1
	7#	A	112.7	68.5	59.1	47.8	85.3
		B	111.4	66.2	57.3	49.0	85.4
	6#	A	111.0	66.8	58.3	47.8	92.0
		B	110.2	66.8	57.5	48.0	88.2
	5#	A	113.7	67.1	59.0	47.7	90.1
		B	113.5	66.6	58.5	52.6	85.5
	4#	A	114.9	66.6	58.6	48.0	86.4
		B	121.2	71.7	57.6	51.6	93.6
	3#	A	118.6	71.6	58.7	51.8	88.9
		B	120.8	68.3	58.1	50.9	92.3

续表

	上升管序号	喷口	1	2	3	4	5
喷口出流量/(mL/s)	2#	A	117.7	68.5	58.4	52.6	90.3
		B	119.6	66.3	58.5	52.6	90.7
	1#	A	117.7	68.5	58.4	52.6	90.3
		B	119.6	66.3	58.5	52.6	90.7
$Q/(L/s)$			3.500	2.073	1.777	1.509	2.715
原形 $Q/(m^3/s)$			1.106	0.655	0.562	0.477	0.858
$P_1/(\%)$			4.8	4.5	4.6	4.7	4.9
$P_2/(\%)$			4.8	4.8	3.9	5.0	5.0

2. 年度水量变化分析

规划不同年份水量变化如表 11.8-6。

通过试验分析,在 2032—2040 年,当流量为 $1.009 \sim 1.056 \, m^3/s$ 时,喷口全开;在 2027—2031 年,当流量为 $0.938 \sim 0.984 \, m^3/s$ 时,需堵塞尾部的 20#、19#、18# 三根上升管对应喷口可更好运行;在 2016—2022 年,当流量为 $0.729 \sim 0.752 \, m^3/s$ 时,需堵塞 20#、19#、18#、17#、16#、15#、14# 七根上升管对应喷口可更好运行;考虑现有排污工程情况,如若排污量暂时达不到 $0.729 m^3/s$ 时,按照最小可能流量 $0.5 \, m^3/s$ 运行时,需堵塞 20#、19#、18#、17#、16#、15#、14#、13#、12#、11#、10#、9#12 根上升管对应喷口可更好运行(其中,1# 为入口处上升管,20# 为末端上升管)。

表 11.8-6 不同年份水量预测表(2016—2040)

单位:$10^4 m^3/d$

年份	清源	海油一期	海油二期	壳牌	规划西片区	正常量合计	最大量合计
2016	0.60	0.43	0.67	1.63	0.00	3.33	4.01
2017	0.80	0.43	0.67	1.63	0.00	3.53	4.25
2018	1.00	0.43	0.67	1.63	0.00	3.73	4.49
2019	1.20	0.43	0.67	1.63	0.00	3.93	4.73
2020	1.40	0.43	0.67	1.63	0.20	4.33	5.22
2021	1.55	0.43	0.67	1.63	0.40	4.68	5.64
2022	1.70	0.43	0.67	1.63	0.60	5.03	6.06
2023	1.85	0.43	0.67	1.63	0.80	5.38	6.48
2024	2.00	0.43	0.67	1.63	1.00	5.73	6.90
2025	2.15	0.43	0.67	1.63	1.20	6.08	7.33
2026	2.25	0.43	0.67	1.63	1.30	6.28	7.57
2027	2.35	0.43	0.67	1.63	1.40	6.48	7.81
2028	2.45	0.43	0.67	1.63	1.50	6.68	8.05

年份	清源	海油一期	海油二期	壳牌	规划西片区	正常量合计	最大量合计
2029	2.55	0.43	0.67	1.63	1.60	6.88	8.29
2030	2.65	0.43	0.67	1.63	1.70	7.08	8.53
2031	2.70	0.43	0.67	1.63	1.75	7.18	8.65
2032	2.75	0.43	0.67	1.63	1.80	7.28	8.77
2033	2.80	0.43	0.67	1.63	1.85	7.38	8.89
2034	2.85	0.43	0.67	1.63	1.90	7.48	9.01
2035	2.90	0.43	0.67	1.63	1.95	7.58	9.12
2036	2.95	0.43	0.67	1.63	2.00	7.68	9.12
2037	3.00	0.43	0.67	1.63	2.05	7.78	9.12
2038	3.05	0.43	0.67	1.63	2.10	7.88	9.12
2039	3.10	0.43	0.67	1.63	2.15	7.98	9.12
2040	3.15	0.43	0.67	1.63	2.20	8.08	9.12

3. 水头损失和阻力系数

（1）局部阻力系数

局部阻力系数试验成果如表 11.8-7 所示。从表中可看出，在一些段上试验成果与设计采用的值相差较大，原因是在模型制作时存在粗糙以测压管因素，因而造成误差较大。

通过试验成果与设计采用值比较，误差最大值为 2.203%，说明设计采用的局部阻力系数是合适的。

表 11.8-7　局部阻力系数试验成果表

序　　号	$Q/(L/s)$	渐变段 1	渐变段 2
1	1.21513	0.313	0.319
2	1.119	0.293	0.315
3	1.03291	0.288	0.319
4	0.9758	0.321	0.329
5	0.8885	0.278	0.332
6	1.11286	0.294	0.339
7	1.07065	0.324	0.341
8	0.99795	0.318	0.335
9	0.944035	0.291	0.318
10	0.903185	0.295	0.319
$\sum$	—	3.015	3.266
平均 $\bar{\zeta}$	—	0.3015	0.3266
设计 ζ	—	0.295	0.32
$V\zeta$	—	0.0065	0.0066
$P=\overline{\Delta\zeta}\times100\%$	—	2.203%	2.063%

（2）扩散器总水头损失的检验

根据计算的扩散器总水头损失与试验中流量相近的水头损失进行比较如下。

计算：

流量：$3800\text{ m}^3/\text{h}$；扩散器总水头损失：$\Delta h = 206\text{ cm}$。

试验：

流量：3.50 L/s；扩散器总水头损失：$\Delta h = 229.4\text{ cm}$。

误差：11.36%。

11.8.5 结论

根据初步分析计算，本试验设计的模型（图 11.8-1）及选用的模型比例尺可以满足工程设计的要求，模型采用体积法测量喷口出流量、用测压管量测各点的测压管水位，计算水头损失，均具有足够的精度，在多次测量中有很好的重复性。

在喷口出流均匀性试验中，取得了满意的成果，根据分析研究模型的试验成果为扩散器的优化设计提供了依据。

从扩散器水平管与上升管的水头损失和阻力系数试验中，验证了扩散器水力设计中采用的局部阻力系数是合适的。

图 11.8-1 水力试验模型图

参 考 文 献

[1] 朱亮,张文研.水处理工程运行与管理[M].北京：化学工业出版社,2003.

[2] 钱易,米祥友.现代废水处理新技术[M].中国科学出版社,1993.

[3] 汪大翚,雷乐成水处理新技术及工程设计[M].北京：化学工业出版社,2001.

[4] 文一波.城市污水厂建设和运营费用的探讨[J].中国给水排水,1995,15(9)：17—19.

[5] 黄昀,王洪臣.浅谈城市污水处理厂运行管理问题[J].水工业市场,2007(1)：40—43.

[6] 吴俊.长寿化工园区废水处理方案比对研究[D].重庆交通大学,2013.

[7] 龚维辉.工业园污水处理设计、调试与运行研究[D].南昌大学,2012.

[8] Marcos von Sperling. Comparing among the most frequently used systems for wastewater treatment in developing countries[J].Wat. Sci. Tech. , 1996, (33)：59—72.

[9] Joan García, et al. Wastewater treatment for small communities in Catalonia (Mediterranean region)[J]. Water Policy, 2001(3)：341—350.

[10] Manel Poch et al. Design and building real environmental decision support systems [J]. Environmental Modeling & Software, 2004,19：857—873.

[11] Markus Boller. Small wastewater treatment plants—a challenge to wastewater engineers [J].Wat. Sci. Tech. , 1997, Vol. 35, No. 6, 1—12.

[12] Ellis, K. V. , Tang, S. L. Wastewater treatment optimization model for developing world. Ⅰ：Model development[J]. Journal of Environmental Engineering Division. ASCE, 1991, 117：501—581.

[13] Ellis, K. V. , Tang, S. L. Wastewater treatment optimization model for developing world. Ⅱ：Model testing[J]. Journal of Environmental Engineering Division, ASCE, 1994, 120：610—624.

[14] Hellström, D. , Jeppsson, U. and Kärrman, E. A framework for systems analysis of sustainable urban water management [J]. Environmental Impact Assessment Review, 2000 (20)：311—321.

[15] 夏青.污水海洋处置工程设计理论与方法[M].1996,5.

[16] 王超,严中民等.河道扩散器排放近区掺混稀释特性的试验研究[J].水利学报,1993,6：80—81.

[17] 彭士涛,王心海.达标污水离岸排海末端处置技术研究综述[J].生态学报 2014,34(1)：231—237.

[18] 陈复,张永良,孟伟.澳大利亚城市污水海洋处置的借鉴[J].环境科学研究 1994,7(5)：49—52.

[19] 赵毅山,刘维禄,冯奇.波浪对污水扩散器出流量影响[J].力学季刊,2009,30(1)：154—163.

［20］ Andrew Dixon, Matthew Simon, Tom Burkitt. Assessing the environmental impact of two options for small-scale wastewater treatment: comparing a reedbed and an aerated biological filter using a life cycle approach ［J］. Ecological Engineering, 2003(20): 297—308.

［21］ Manel Poch et al. Designing and building real environmental decision support systems［J］. Environmental Modeling & Software, 2004(19): 857—873.

［22］ Adriaan R. Mels, et al. Sustainability criteria as a tool in the development of new sewage treatment methods ［J］. Wat. Sci. Tech. , 1999(39)5: 243—250.

［23］ Annelies J. Balkema, et al. Indicators for the sustainability assessment of wastewater treatment systems［J］. Urban Water, 2002(4): 153—161.

［24］ Ulrika Palme et al. Sustainable development indicators for wastewater systems-researchers and indicator users in a co-operative case study［J］. Resource Conservation & Recycling, 2005(43): 293—311.

［25］ Bulter D. and Parkinson, J. Towards sustainable urban drainage［J］. Wat. Sci. Tech. , 1997, (35)9: 53—63.

［26］ 陈复,张永良,孟伟.澳大利亚城市污水海洋处置的借鉴［J］.环境科学研究,1994,7(5): 49—52.

［27］ Wood I R, Bell R G, Willkinson D L. Ocean Disposal of Wastewater. Singapore, Incorporated: World Scientific Publishing Company,1993:0—425.

［28］ 张永良,阎鸿邦.污水海洋处置技术指南［M］.北京:中国环境科学出版社,1995.

［29］ 王心海,詹水芬,彭士涛,于航.洋口港污水排海工程排污口选划研究［J］.水道港口,2011, 32(2):140—143.

［30］ Guanming Zeng et al. Optimization of wastewater treatment alternative selection by hierarchy grey relational analysis ［J］. Journal of Environmental Management, 2007 (82): 250—259.

［31］ Otterpohl, R. , Grottker, M. and Lange, J. Sustainable water and wastewater management in urban areas ［J］. Wat. Sci. Tech. , 1997,35(9): 121—134.

［32］ Mels, A. R. et al. Sustainability indicators as a tool in the development of new sewage treatment methods ［J］. Wat. Sci. Tech. ,1999,39(5): 243—250.

［33］ 赵俊杰,白静,康苏海.南通污水排海工程排放点比选的数值模拟［J］.海岸工程,2012,31 (2):31—38.

［34］ 侯珊.小洋口近岸污水排海及其影响三维数学模型［D］.南京:河海大学,2008.

［35］ 宋强,吴航.深圳市政污水排海工程对海域环境影响的数值模拟研究［J］.中山大学学报: 自然科学版,2001,40(s2):126—129.

［36］ Blumberg A F,Ji Z G,Ziegler C K. Modeling outfall plume behavior using far field circulation model［J］. Journal of Hydraulic Engineering,1996,122(11): 610—616.

［37］ Etemad-Shahidi A,Azimi A. Testing the CORMIX2 and VISJET models to predict the dilution of Sanfraneiseo outfall//Proceedings of the 7th IWA International Conference on Diffuse Pollution and Basin Management. Dublin: Diffuse Pollution Conference, 2003: 129—133.

［38］ Yih, C. S. Stratified flows. New York, Academic Press, 1980.

[39] Geza, L. Bata. Recirculation of cooling water in rivers and canals. Journal of the Hydraulic Division, ASCE, 1957, 83(HY6), 1265-1-1265-27.

[40] Edward, M. Polk, Jr. Barry A. & Frank, L. Parker. Cooling water density wedges in streams. Journal of the Hydraulics Division, ASCE, 1971, 97(HY10): 1639—1651.

[41] James, J. Sharp, Chung-su Wang. Arrested wedge in circular tube. Journal of the Hydraulic Division, ASCE, 1974, 100(HY7): 1085—1088

[42] Davies, P. A. & Charlton, J. A. & Bethune, G. H. M. A laboratory study of primary saline intrusion in a circular pipe. Journal of Hydraulic Research, 1988, 26(1): 33—47.

[43] Munro, D. Sea water exclusion from tunneled outfalls discharging sewage. Report &-M, Water Resource Center, Stevenage Laboratory, 1981.05.

[44] Charlton, J. A. Hydraulic modeling of saline intrusion into sea outfalls//Proceedings International Conference on the Hydraulic Modeling of Civil Engineering Structures, Coventry, England, 1982.09, 349—356.

[45] Wilkinson, D. L. Nittim, R. Model studies of outfall riser hydraulics[J]. Journal of Hydraulic Research, 1992, 30(5): 581—593.

[46] Adams, E. E. , Sahoo, D. , and Liro, C. R. Hydraulic model study of seawater purging for the Boston wastewater outfall//Technology Report 329, R. M. Parsons Laboratory, Dept. of Civil Engineering, Massachusetts Inst. of Tech. , Cambridge, Mass.

[47] Duer. Michael J. Use of variable orifice"duckbill"valves for hydraulic and dilution optimization of muhiport diffusers[J]. Water Science and Technology,1998,38(10): 277—284.

[48] Burrows, R. , Ali, K. H. M. , Spence, K. & Chiang, T. T. Experimental observations of salt purging in a model sea outfall with eight soffit-connected risers[J]. Water Science & Technology, 1998, 38(10): 269—275.

[49] Burrows, R. , Ali, K. H. M. , Davies, P. A. & Wose, A. E. Hydraulic performance of outfalls under unsteady flow, Dept. Civil engineering, University of Liverpool, final report on SERC project GR/G/21841.

[50] Papanicolaious. Investigation of roud vertical turbulent buoyant jets[J]. Journal of Fluid Mechanics,1998,195:341—391.

[51] 孙昭晨. 动水环境中射流特性的试验和数值模拟研究[D]. 大连理工大学,2007.

[52] Antonia, R A. and R. W Bilger. Prediction of the axisyrnmetric turbulent jet issuing into a co-flowing stream[J]. Aeronautical Quarterly,1974,25:69—80

[53] 肖洋,唐洪武,华明,王志良. 同向圆射流混合特性试验研究[J]. 水科学进展,2005,17(4): 512—517.

[54] Yoda, M. Round jet in a uniform counterflow: Flow visualization and mean concentration measurements[J]. Experiments in Fluids,1996,21(6):427—436.

[55] Patalano A,Corral M,Rodriguez A,Garcia M,Bleninger T. Submarine outfall design methodology for Argentinean Coasts//Proceedings of International Symposium on Outfall Systems. Argentinean,2011.

[56] Bleninger T,Avanzini C A,Jirka G H. Hydraulic and technical evaluation of single diameter diffusers with flow rate control through calibrated, replaceable port exits//Proceedings of

the 3rd International Conference on Marine Waste Water Discharges and Marine Environment. Catania,Italy,2004.

[57] Doyle, B. M. , Mackinnon, P. A. & Hamill, G. A. Development of a numerical model to simulate wave induced flow patterns in a long sea outfall. 3rd International Conference on Advances in Fluid Mechanics, Montreal, Canada, May, 2000, 33—42.

[58] Burrows, R. and Ali, K. H. M. Entrainment studies towards the preservation (containment) of freshwaters in the saline environment. Journal of Hydraulic Research, 2001, 39 (6): 591—599.

[59] Mackinnon, P. A. , Shannon, N. R. & Hamill, G. A. Evaluation of a two-dimensional model of saline intrusion in an outfall with two risers. 4th International Conference on Hydromechanics-ICHD2000, Yokohama, Japan, Sept. 2000, 753—758

[60] Shannon, N. R. , Mackinnon, P. A. , Hamill, G. A. & Doyle, B. M. Collection of data to validate a numerical model of wave induced intrusion in a marine outfall. 4th International Conference on Advances in Fluid Mechanics-AFM2002, Ghent, Belgium, May 2002,117—127.

[61] Neville Jones, P. J. D. , Dorling, C. & McNamara, M. Hydraulic performance of long sea outfalls. WRC Report ER261E, July, 1987.

[62] 徐高田.污水海洋处置多喷口浮射流稀释扩散规律研究[D].同济大学,1999.

[63] 许德明.黄海南部近岸海域水动力特性及污染物输移扩散规律研究[D].同济大学,2006.

[64] Shannon, N. R. Development and validation of a two-dimensional CFD model of the saline intrusion in a long sea outfall. Ph. D. Dissertation, The Queen's University of Belfast, Sept. 2000

[65] Shannon, N. R. , Mackinnon, P. A. , Hamill, G. A. & Doyle, B. M. Collection of data to validate a numerical model of wave induced intrusion in a marine outfall. 4th International Conference on Advances in Fluid Mechanics-AFM2002, Ghent, Belgium, May 2002,117—127

[66] Mackinnon, P. A. , Shannon, N. R. & Hamill, G. A. & Doyle, B. M. An experimental investigation of saline intrusion in a long sea outfall. 3rd International Conference on Advances in Fluid Mechanics, Montreal, Canada, May 2000, 33—42

[67] Blumberg A F, Mellor C L. A description of a three-dimensional coastal ocean circulation model.

[68] Tsanis I K, Boyle S A. 2D hydrodynamic/pollutant transport GIS model 2001.

[69] 张行南,耿庆斋,逄勇.水质模型与地理信息系统的集成研究[J].水利学报,2004(1): 49—54.

[70] 宋强,吴航.深圳市政污水排海工程对海域环境影响的数值模拟研究[J].中山大学学报: 自然科学版,2001,40(s2):126—129.

[71] 杨树森.南通市洋口港经济开发区一期污水处理排海工程潮流场、悬沙场数模及泥沙冲淤分析计算研究.天津:交通运输部天津水运工程科学研究所,2010.

[72] 王春节,王可钦.污水排海工程的扩散器水力设计与模型试验研究[J].海洋环境科学, 2001,20(2):47—50.

［73］赖翼峰.某排污扩散器水力特性的试验研究［J］.上海环境科学,1995,14(5)：11—15.

［74］肖洋,唐洪武,阿衣丁别克·居马拜.横流中多孔射流的稀释特性试验研究［J］.试验流体力学,2011,25(5)：35—39.

［75］赵毅山,刘维禄,冯奇.波浪对污水扩散器出流量影响［J］.力学季刊,2009,30(1)：154—163.

［76］张光玉等.扩散器近区稀释扩散模型试验研究［J］.交通环保,2005,26(1)：1—6.

［77］黄菊文,徐连军,韦鹤平.污水海洋处置稀释扩散河工模型试验装置［J］.同济大学学报,2002,30(12)：1487—1491.

［78］钟迪锋等.污水海洋处置工程近区稀释扩散试验研究［J］.海洋环境科学,1997,16(4)：1—12.

［79］张永良,李玉梁.排污混合区分析计算指南［M］.北京：海洋出版社,1993.

［80］D J Baumgartner ,W E Frick and P J W Roberts. Dilution models for effluent discharges (Third Edition) ,1994 ,Chapter 1—2.

［81］李莉.防城港海湾污水扩散试验研究.第十四届中国海洋(岸)工程学术讨论会.

［82］王敏,金慕光,林洁.城市污水河口处置物理模型研究-杭州市第二污水排水口稀释扩散研究.第四届全国海事技术研讨会文集.

［83］Charlton, J. A. & Neville Jones, P. Sea outfall hydraulic design for long-term performance. ICE Congress on Long Sea Outfalls, Glasgow, 1988, 89—102

［84］曾小清,郭振仁,黄章富.深圳妈湾排海工程非设计条件下海水入侵与冲洗研究［J］.1997(03).

［85］李保如.我国河流泥沙物理模型的设计方法［J］.水动力学研究与进展 A 辑,1991(12).

［86］张幸农.常用模型沙及其特性综述［J］.水利水运科学研究,1994(1).

［87］窦希萍,李褆来,窦国仁.长江口全沙数学模型研究［J］.水利水运科学研究,1999(2).

［88］张幸农.常用模型沙及其特性综述［J］.水利水运科学研究,1994(1).

［89］何耘.污水泵站及排海(江)工程中浑水模型试验的应用研究［D］,1998.

［90］刘成.污水海洋处置工程泥沙问题研究［D］.同济大学,1999.

［91］姜应和.污水深排工程中扩散管的清淤［J］.环境科学与技术,1996(3)：45—48.

［92］赵俊杰,白静,康苏海.南通污水排海工程排放点比选的数值模拟［J］.海岸工程,2012,31(2)：31—38.

［93］耿文泽.海口市污水海洋处置排放口选址［J］.中国给水排水,1998,14(2)：27—31.

［94］李红卫.远东国际城项目入河排污口设置论证［J］.广西水利水电,2007(3)：16—23.

［95］赵可胜.石岛湾海域排污口位置优选［J］.青岛海洋大学学报,1994(8)：98—103.

［96］Wang H W. Investigation of Buoyant Jet Discharges Using DPIV and PLIF ［D］. Singapore：Nanyang Technological University,2000.

［97］Tian X D,Philip J W. Marine wastewater discharges from multiport diffusers. I：Unstratified stationary water［J］.Journal of Hydraulic Engineering,2005,130(12)：1137—1146.

［98］Tian X D,Philip J W. Marine wastewater discharges from multiport diffusers. II：Unstratified flowing water［J］.Journal of Hydraulic Engineering,2005,130(12)：1147—1155.

［99］Daviero G J,Robefls P J. Marine wastewater discharges from multiport diffusers. I：Stratified stationary water［J］.Journal of Hydraulic Engineering,2006,132(4)：404—410.

［100］Lai A C H,Yu D,Lee J H W. Initial dilution of rosette buoyantjet group in cross flow// Proceedings of the 6th International Symposium on Stratified Flow. Perth. Australia,2006.

［101］高柱.椭圆射流掺混特性研究及应用[D].河海大学,2005.

［102］肖洋.横向流动条件下多孔水平动量射流掺混特性研究[D].河海大学,2005.

［103］向先全,陶建华.基于GA.SVM的渤海湾富营养化模型[J].天津大学学报,2011,44(3)：215—220.

［104］靖旭,蔡怀平,谭跃进.支持向量回归参数调整的一种启发式算法[J].系统仿真学报,2007,19(7)：1540—1547.

［105］冯剑丰,王洪礼,李胜朋.基于支持向量机的浮游植物密度预测研究[J].海洋环境科学,2007,26(5)：438—441.

［106］聂红涛,陶建华.渤海湾海岸带开发对近海水环境影响分析[J].海洋工程,2008,26(3)：44—50.

［107］王泽良,陶建华,季民.渤海湾中化学需氧量(COD)扩散、降解过程研究[J].海洋通报,2004,23(1)：27—31.

［108］钱达仁,陈祖军,韦鹤平.污水海洋处置等截面扩散器水力特性的研究[J].四川环境,2001,20(1)：9—12.

［109］刘成,何耘等.污水海洋(江河)处置工程喷口的冲淤规律[J].海洋环境科学,1998,17(4)：32—37.